100倍
クリックされる
超Webライティング
実践テク60

ウェブメディアコンサルタント
東　香名子

はじめに

　なぜ、あなたがブログや記事を書いても、記事が見られないのか。全力を尽くして文章を書いて「えいっ！」と公開しても、どうして誰も読んでくれないのか。それはズバリ、タイトルにクリックしたくなるような魅力がないからです。

　つまり、タイトルさえ良ければ、あなたの文章は何万人にも読んでもらえます。Webライティングにおいて、記事のタイトルはもっとも熱意を注ぐべき項目です。「人に読まれるタイトル」は、コツさえつかめば自在に書くことができます。

　私は女性サイトの編集長時代、タイトルに注力しながらメディアを育ててきました。現在、Webメディアはあふれており、お金をかければアクセスを増やせる時代です。しかし、私はお金をかけずに、月間1万PV（ページビュー）だったサイトを650万PVにまで変貌させました。広告収入も増え、年間売り上げは数千万円にもなりました。それもすべて、タイトルのおかげなのです。

　編集長退任後、私はさまざまなWebメディアや個人のコンサルティングを行っています。どこに行っても、必ずタイトルからテコ入れをします。私のアドバイスを受けてから、連載中のメディアでMVPを獲得したプロのライターさんもいらっしゃいます。

もちろん、タイトルさえ良ければ、万事解決というわけではありません。より多くのファンをつけるには、記事をしっかり読んでもらう必要があります。この「人に読まれる文章」を書くのは困難だと思われがちですが、そこまで難しいことではありません。勝手にハードルを上げている人がたくさん見受けられます。

　本書では私の経験をもとに、より多くの読者に読んでもらえるWebライティングの法則を丁寧に指南しています。読んだその日から実践できるシンプルなものばかりです。「えっ？　こんなこと？」と、目から鱗がポロポロの奥義が満載です。

　タイトルのつけ方はもちろん、記事の書き方や、よりアクセスを増やすための実践的なアドバイスも、お届けいたします。ちょっとしたコツだけで、読者の反応がガラリと変わることを、あなたも実感してください。

　Webライティングを制するものは、時代を制す。さあ、あなたの書いた文章をたくさんの人にクリックしてもらい、ファンを100倍に増やしてみませんか？

C O N T E N T S

はじめに 002

1章 書きたいことを 5Ｗ１Ｈで分析すれば、 100倍読まれる文章になる

1-1 発信テーマを決めれば、
最強アピールポイントに気づく 012

1-2 誰に役立つかを考えれば、
熱烈なファンがつく 014

1-3 読者がいつ読むのかを考えれば、
ピンポイントで読者が食いつく 016

1-4 どこで記事を読まれるかを考えれば、
読者が10倍興味を持つ 018

1-5 なぜ必要な情報かを考えれば、
ほしい人にグサッと刺さる 020

1-6 読者にとって「高いか、安いか」を伝えれば、
記事を最後まで読む 022

2章 読者ターゲットを設定すれば、 読者は100倍に膨れ上がる！

2-1 読者を徹底的に絞ることによって、
情報を正しく届ける 026

2-2 読者の設定は細かいほど記事がリアルになり、
クリック率が上がる 028

2-3	読者が好きなことや悩みを想像すると、 ツボがガッチリつかめる	032
2-4	ターゲット層の情報収集で本音を探れば、 自然と人は集まる	034
2-5	悩み解決のストーリーを想像すれば、 高額商品だって売ることができる	036
2-6	読者が食いつきそうな言葉をリストアップすると、 強いタイトルが生まれる	038

3章 誰でも書ける！ ヒットタイトル・テンプレート

3-1	〈～できる＋数字＋法則〉で 読者がすぐにクリックしたくなる	042
3-2	〈～が解決する＋商品名＋とは？〉で 読者がメリットを感じてクリックする	045
3-3	〈「A」と「B」の違いとは？〉で 読者の好奇心を刺激して読ませる	048
3-4	〈～あるある＋BEST＋数字〉で 「おもしろみ」を感じさせる	051
3-5	〈時事ニュース＋数字＋理由〉で 専門家のような記事が書ける	054
3-6	〈「～してはいけない」＋数字＋理由とは？〉で 読者をドキッとさせて読ませる	057
3-7	〈誰が＋何を＋してみた〉で ちょっと無茶なことをやると何万人も興味を持つ	060
3-8	〈【調査】～な人は何％いると判明！〉で 最新情報の深さをアピールできる	063

005

4章 100万人に読まれる！ワンランク上のタイトルを作るためのテクニック

4-1 100人見たら100人が同じ解釈をする明瞭さで、100％リーチさせる ……… 068

4-2 小学生でもわかるような簡単な表現にすれば、読者は逃げない ……… 070

4-3 タイトルで記事内容のハードルを下げれば、思わずクリックする ……… 072

4-4 文字数を30文字前後に収めると、3秒で醍醐味が伝わる ……… 074

4-5 最初の9文字以内にキーワードを置くと、1秒で多くの人の心がつかめる ……… 077

4-6 タイトルに少しでもたくさんの要素を詰め込んで、濃度を高める ……… 080

4-7 ひらがな・カタカナ・漢字を組み合わせて、読者がひと目で認識できるようにする ……… 083

4-8 同じ言葉を繰り返さなければ、無駄な文字消費が防げる ……… 086

4-9 「！」は1つまでにすれば、本当に伝えたいことが伝わる ……… 089

4-10 記号や顔文字をカットすれば、より説得力のあるタイトルになる ……… 092

5章 超基本記事のテンプレートを マスターすれば、 誰でも簡単に書ける

5-1 「サンドウィッチ法」を覚えれば、
Webライティングの基礎は完璧 ……………… 096

5-2 最初に「仮タイトル」を決めれば、
記事の書くべきことが見えてくる ……………… 098

5-3 「小見出し」はタイトルの答えになるようにすれば、
ストレスなく読める ……………… 100

5-4 「本文」を書いて、
記事の本質を深める ……………… 103

5-5 読者をひきつける「序文」は
たった3文でOK！ ……………… 107

5-6 「締めの文」はタイトルと序文を繰り返せば、
4文ですっきり締まる ……………… 110

5-7 本番タイトルを最後にビシッと決めれば、
言いたいことがモレなく伝わる ……………… 113

5 応用1 「告知記事」を書いて、商品やサービス、
イベントを効果的にPRしよう ……………… 118

5 応用2 「イベントのレポート記事」を書いて、
さらにターゲットの興味をひこう ……………… 122

6章 プロも実践！ 記事のクオリティを爆上げする Webライティングテクニック8

6-1 文末を「です・ます」に統一すると、
読者が親近感を感じて読み進めたくなる ……… 128

6-2 「1記事1テーマ」を守れば、
伝えたいことがしっかり伝わる ……… 130

6-3 文末は言い切り系で書けば、
文章に説得力が生まれる ……… 132

6-4 「私は～」という表現を避けると、
文章に客観性と説得力が生まれる ……… 134

6-5 体言止めを活用すれば、
文章にリズムが生まれる ……… 137

6-6 1文を短くすれば、
伝えたいことがピンポイントで伝わる ……… 140

6-7 類語辞典を活用すれば、
文章力が飛躍的にアップする ……… 143

6-8 「起承転結」を忘れると、
Webライティングはうまくいく ……… 146

7章 「書くことがない」と困ったら… ネタが100倍増える6つの秘訣

7-1 「山手線ゲーム」で
タイトルの幅が無限大に広がる ……… 150

7-2 よく質問されることを書けば、
ロングヒットの記事になる ……… 152

7-3	1日1回のニュース検索で、常に読者へ最新情報を届けられる	154
7-4	NGポイントを伝えるときは、解決法を書いて読者をフォローする	156
7-5	「ユーザーはズボラで節約志向」と頭に入れておけば、タイトルが考えやすくなる	158
7-6	「サジェストキーワード」を活用すると、みんなが検索しているワードがひと目でわかる	160

8章 アクセス数を1000倍に増やす、Webならではの5つの奥義

8-1	記事の更新頻度やタイミングを改善すれば、もっと読者が集まる	164
8-2	記事をSNSで拡散させれば、想定外の読者にもリーチする	166
8-3	記事を拡散させてくれるパートナーを持てば、何十万人に記事が読まれる	168
8-4	文章だけでなく画像にもこだわれば、より多くのファンがクリックする	170
8-5	Webならではのフォント・行間で、読者にやさしい記事作りをする	174

巻末付録 キーワード&コンセプトリスト50 176

おわりに 190

1章

書きたいことを
5W1Hで
分析すれば、
100倍読まれる
文章になる

あなたは Web ライティングで、
どんな記事を書きたいですか？
書く内容を少し掘り下げるだけで、
読者の心をグッとつかめる文章に早変わり。
まずは、5W1H で、
書きたい内容を分析してみましょう。

1-1

発信テーマ
を決めれば、
最強アピールポイント
に気づく

あなたが書きたいことは「何」ですか？

　Webライティングを始めようと思ったけど、**何から書けばいいのかわからない**。PCの前でカチンコチンに固まってしまう……なんて人は案外多いものです。そんなときは考えてみましょう。ズバリ、**あなたが発信したいことは「何」ですか？** まずは「書くテーマ」を決めること、そこからヒットするWebライティングが始まります。

　「急に言われても……」とかしこまってしまった真面目なあなた、読者に **「何を伝えたいか」** を考えてみてください。

　ライティングの内容はさまざまです。最新情報やニュースを届ける記事、読者の悩みを解決する記事、イベントの様子を伝える記事、商品の魅力を伝える記事など、多岐にわたります。

　「何を伝えたいか？」というテーマを明確にすることで、読み手に刺さるアピールポイントが見えてきます。

　ジャンルがばらばらな記事が混在しているサイトは注意。読者が訪れたときに混乱してしまいます。「旅行情報に興味を持ってこのサイトに来てみたら、他に旅行の記事は見当たらない」なんて、がっかりされてしまうこともあります。

　記事をヒットさせるためには、何を書くかテーマを一つに決めること。ジャンルを絞って、毎日訪れてくれる読者をつくることを目指しましょう。

013

1-2

誰に役立つか
を考えれば、
熱烈なファンがつく

誰に向けて書くのかが大切！

あなたの記事は「誰に」読んでもらいたいですか？ Webライティングは情報を「誰に」届けるか考えることが非常に重要です。

ポイントは**「自分のためではなく、誰かの役に立つ文章を書く」**こと。これを頭に置くだけで、書く文章がガラッと変わってきます。**人に求められる文章が書ける**のです。

Webライティングは、自分の書きたいことを書くだけでは、ヒット記事は生まれません。「読者のために書く」ことが大切です。これは、私がライティングを教えている文章スクール「潮凪道場」でも常に伝えていることです。

私がブログの指導をしているタレントさんにも、アクセス数がイマイチで悩んでいる方がいました。読者からあまり反応がないけれど、とりあえず日記をだらだら更新していたようです。

そこで私が「読者に情報を届けるという気持ちで」とアドバイスしました。彼女が実践したところ、**アクセス数やコメント数、SNSでの拡散など、読者の反応が一気に増えました**。忘れがちですが、「読者のために書く」という気持ちを持つことが大事なのです。

ヒット記事を書くためには「誰に」向けて書いているかを考えて書きましょう。具体的に読者層を設定する方法は、2章で詳しく述べています。読者のために心を込めて書けば、着実にアクセスアップに近づきますよ！

1-3

読者が
いつ読むのか
を考えれば、
ピンポイントで
読者が食いつく

読まれる時間帯を想像しよう

あなたの書いた記事は、**どんな「時間」に読まれるのでしょうか？** 想像してみてください。

通勤時間、またはオフィスの休憩時間？ 夜寝る前のリラックスタイム？ デートが退屈すぎるときに……など、いろいろあるでしょう。

どんな人にも、記事を見るタイミングがあります。Webの記事は、**読んでほしい時間によって、書き方を変えること**を意識してください。読む時間帯と、文章のテイストが合わなければ、読者が結びつきづらいのです。

たとえば、通勤時間の中で読んでほしい文章ならば、ビジネスモードなスピード感のある文章が適していると言えます。公開する時間もタイミングを合わせて、早朝にするとベストです。

リラックスタイムに読んでほしい記事の場合、柔らかいゆったりとした雰囲気の文章が求められます。1日が終わる、ベッドタイムに合わせて公開するとよいでしょう。

こんなふうに、あなたの記事がどんなときに読まれるのか、イメージしていきましょう。

1-4

どこで記事を読まれるかを考えれば、読者が10倍興味を持つ

読者はどこで記事を読むか考えよう

 スマートフォンの普及で、いつでもどこでもネットができる時代になりましたが、**あなたの記事はどこで読まれるでしょうか？**1章-3で「時間」を想像しましたが、次は「場所」について考えてみてください。

 たとえば、料理のレシピ記事ならば、献立を考えるリビングやキッチンで読まれそうです。それだけでなく、スーパーマーケットで材料を買うときにチェックできれば、モレがなくて便利です。

 旅行情報やスポット紹介ならば、読者は旅行に行く前に自宅で見るでしょう。またノープランの旅行者が、現地に行って「どこに行こうか」と、旅の計画を立てるときの重要な情報源になります。

 事前に家で調べる記事と、現地で調べる記事の書き方とでは、大きな違いがあります。事前の旅行計画に役立ててほしいなら、観光地の細かな情報、歴史、交通手段など、全般的に説明する記事がいいでしょう。一方、当日ノープランの旅をする人向けの情報ならば、必ず押さえておきたい場所や、駅やホテルからの行き方を載せてあげると親切です。

 こんなふうに、**読者の行動や場面を想像**してみましょう。読者の喜ぶ顔が浮かび、とても楽しい作業になりますよ。

1-5

なぜ必要な情報か
を考えれば、
ほしい人に
グサッと刺さる

読者はどうしてその情報がほしいのか 見極めよう

　続いて考えることは **「なぜ」** です。読者は**どうしてその情報が 必要なのか**を考えましょう。それが想像できれば、何を書くべき かがわかり、読者の心にグサッと刺さる記事が書けるようになり ます。

　恋愛のハウツー記事を例にとると、「なぜ」読者は記事を読む のかというと、「恋愛をうまく発展させたいから」です。思うよ うに恋人ができない人が、アドバイスを求めて読むのです。

　また、美容クリームを紹介する記事ならば、読者は「肌の乾燥 を解決したいから」、旅行情報の記事ならば、読者は「素敵な旅 にしたいから」その記事を読むはずです。こんなふうに、読者目 線で **「なぜ読むのか」** を考えてみてください。

　読者のほしいポイントがわかったら、それを必ず記事に書いて ください。「そうそう、こんな情報がほしかったの！」と、読者 がきっと喜んでくれます。

　「すべては、読者を満足させるために書く！」。満足してもらう ためには、読む理由を考える必要があります。これを極めれば、 ファンがどんどんついていきますよ！

1-6

読者にとって
「高いか、安いか」
を伝えれば、
記事を最後まで読む

読者は「お金」に敏感です

　最後に考えたい項目は**「どれくらいお金がかかるのか？」**です。つまり、記事に紹介される内容を実践するときの予算。その金額は、読者にとって**「高いのか、安いのか」**を考えてみましょう。

　100万円の指輪をアピールするとします。その金額は人によって、高いと感じるか、安いと感じるかは違います。たとえば、平均的な収入のサラリーマンにとっては、なかなか手の出ない金額でしょう。逆に、億万長者であれば、100万円の指輪を抵抗なく買ってしまう人もいるでしょう。記事の作り方は、**ターゲットに合わせてアプローチを変える**べきです。

　一般的なWebの記事では、紹介する価格が安ければ安いほど、読者からよい反応が得られます。究極、**タイトルに「無料」と書くだけでアクセス数はUP**します。一方、簡単に安いものに飛びつかない人もいます。「安かろう、悪かろう」と思っている人は案外多く、読者層によっては**「高級感」も大切なポイント**になるでしょう。

　安さに食いつくのか、高級感に食いつくのか、読者のことを想像すれば、ぴったりの表現が出てくるはずです。

　ちなみに、私の経験上、一番食いつかれるのは**「高級なものを格安で」**という表現でした。こちらもご参考までに。

2 章

読者ターゲットを
設定すれば、
読者は100倍に
膨れ上がる！

Webライティングは、
ターゲットを定めることが必須です。
この章では、
記事を100倍ヒットさせるために、
読者を設定する方法を具体的にご紹介します。

2-1

読者を徹底的に絞ることによって、情報を正しく届ける

読者ターゲットを決めよう

1章で「誰に向けて書くか」が大切とお伝えしましたが、**Webライティングでもっとも重要なことは、読者の設定**です。記事を書く前に**「誰に向けて書くか」を明確にしましょう**。そうすることで、読者との距離が近いリアルな記事を書くことができるからです。どんな記事を書けばヒットするかも、おのずとわかるようになります。

読者層の設定方法は無限にあります。男性か女性か、**性別**を絞ってもいいでしょう。また**年代**を設定するのもオススメです。下は小学生から、中高生、大学生、サラリーマンやOL、上はお年寄りまで、世代もさまざま。

小学生かお年寄り、どちらを読者に置くかによっても、書き方は大幅に変わってきます。たとえば小学生向けに、「終活の方法や」「こだわりのお墓の選び方」を書いても、ピンとこないでしょう。逆に、お年寄りに向けて、「クラスの人気者になる方法」をレクチャーしても、お門違いです。

と、これは極端な例でしたが、**読者によって内容や書き方、言葉のチョイスは変えて**ください。読者のために一番合う表現にチューニングすること、それがより多くのターゲットにリーチさせる（届ける）秘訣です。

2-2

読者の設定は細かいほど記事がリアルになり、クリック率が上がる

読者のプロフィールを決めよう

　読者は、どの程度まで細かく設定すればいいの？　と思う方もいらっしゃるかもしれません。答えは**「読者設定は、細かければ細かいほどいい」**です。単なる「20代女性向け」「40代サラリーマン向け」では、ざっくりしすぎています。

　ターゲットがどんなプロフィールなのか、細かく落とし込みましょう。そうすれば、記事に特徴が出て、似たようなファンをたくさん獲得できます。たった一人でいいので**モデル読者を設定**すること。**なるべくリアルに書き出し**ましょう。**性別や年齢はもちろん、年収や生活パターンに至るまで**です。

　私が編集長をやっていた女性サイトでは、モデル読者をより細かく設定したことでアクセス数を大きく伸ばしました。モデル読者を「アヤさん」と名づけ、A4サイズ10枚ほどの資料を作りました。アヤさんの現在の仕事や収入、住まいはもちろん、人生の年表まで。「小学校のときには阪神大震災が起こり、中学校のときにポケベルが登場し、高校生のときに携帯電話が普及しました」と、こんな具合です。ほかにも、**恋愛観や美容への関心、休日の過ごし方**など、小説のように細かく書いていきました。

　モデル読者設定のメリットは、記事が書きやすくなるだけではありません。自分以外でライティングを行う人にも、読者のイメージが共有されやすいのです。また、広告関係者にも好評で、ターゲットが絞られているので、広告受注の増加にもつながりました。

読者設定の質問リスト

初めての人でも細かく読者を設定できるように、
読者設定の質問リストを作りました。ぜひ活用してくださいね。

あなたの読者はどんな人？

- 名前……
- 性別……
- 年代……
- 家族構成……
- 住まい……
- 職業……
- 年収……
- 趣味……
- 性格……
- 不満や悩み……
- 夢や目標……
- 知的レベル……
- 理想のライフスタイル……
- どんな情報を求めているか……

記入例

- **名前**…… エリさん

- **性別**…… 女性

- **年代**…… 30歳

- **家族構成**…… 独身、一人暮らし
  長野の実家には両親と妹が住んでいる

- **住まい**…… 都内の貸賃マンション、家賃は7万円

- **職業**…… 電機メーカーの事務、正社員

- **年収**…… 350万円

- **趣味**…… 読書、ホットヨガに行くこと

- **性格**…… 人見知りで内気な性格

- **不満や悩み**…… 恋人がいない、職場に出会いがない

- **夢や目標**…… 今年中に結婚相手を見つけたい

- **知的レベル**…… 四大卒

- **理想のライフスタイル**…… 大手企業の旦那と結婚し、
  子どもを二人産む

- **どんな情報を求めているか**…… 結婚相手の探し方、
  男性へのアプローチ法

2-3

読者が
好きなことや悩み
を想像すると、
ツボがガッチリ
つかめる

読者の悩みに寄り添って、解決してあげよう

　モデル読者を細かく設定したら、**名前をつけてかわいがる**ことをオススメします。私のときは「アヤさん」と名づけて、「アヤさんだったら、どんな記事が読みたいかな」なんて考えたりしたものです。名前をつけることで、より**親近感**がわいてきます。

　そして、その人の**興味があること**を想像しましょう。**読者が食いつくポイントを見極める**ことができれば、最後までしっかり読まれる記事が書けます。

　さらに、その人が**何に悩んでいるか**を想像してみましょう。なぜ人は記事を読むのかといえば、自分の悩みを解決したいからです。悩み解決の記事がピンポイントで見つかれば、人は必ずその記事を読みます。

　たとえば、私が編集長だったサイトのターゲットは、「結婚したい独身のアラサー女性」でした。その人たちが悩んでいることは「どうすれば結婚相手が見つかるのか」「どうすればプロポーズされるのか」です。それを参考に「結婚相手の見つけ方」や「プロポーズされる方法」を中心に記事を書いていきました。結果、在籍時は月間約200万人の読者がつきました。

2-4

ターゲット層の情報収集で本音を探れば、自然と人は集まる

直接会ったり、SNSからの情報収集を

　読者を決めたけれど、「自分とかけ離れすぎていて、悩みが想像しづらい！」と悩む人もいるでしょう。たとえば50代のオジサンに、女子高生の悩みを想像するのは困難です。

　そんなときは、**読者ターゲットたちと会う機会**を設けましょう。実際に会って聞くほうが、考えるよりも遥かに早いし、うまくいきます。ヒットしているサイトの編集部は、読者ターゲットを数人集めて、座談会を定期的に開催していたりします。彼らが何を考えているのか、リアルにつかんでいってください。

　また、**SNS、特にツイッターでの情報収集**も大いに役立ちます。ツイッターは本音が一番現れやすいSNSです。**検索で読者層に近い人を探して、フォロー**しましょう。彼らがどんなことをつぶやいているか、またどんな記事を好んでシェアしているか、研究することができます。

　座談会やSNSの分析などで、読者ターゲット層の悩みを徹底的にイメージすること。その悩みが解決できる記事をアップすることで、人は自然と集まってきます。

2-5

悩み解決のストーリーを想像すれば、高額商品だって売ることができる

悩み解決までのストーリーを考えよう

この本を読んでいる方のなかには、商品やサービス、お店の宣伝のために Web ライティングに挑戦しようと思っている人もいるでしょう。そんなときは、**読者の悩みから解決までのストーリー**を考えてみてください。

たとえば、あなたが腰痛に効くサプリを宣伝する担当者だとします。腰が痛い人にアピールして、その人がサプリを買って、腰痛がなくなるまでのストーリーを考えてみましょう。

まずその人は、Web で「腰痛　解消」と検索するでしょう。検索結果に「腰痛が解消する方法」という記事を見つけます。クリックすると、腰痛が解消するサプリが紹介されていました。価格もお手ごろだし、1 日 1 回飲めばいいし、次の日から腰痛が改善しそうな内容が書いてあります。求めていた条件と合致したので、その人はサプリを買いました。紹介されていたとおり、腰痛が解消されて、満足しましたとさ。めでたしめでたし。

こんなふうに、ストーリーを細かく想像します。細部まで考えると、**その人はどんな情報がほしくて、どんなことが書いてあれば買うかもわかってきます**（例の場合、価格や配送日数、飲む量、効果が表れるスピードなどです）。

ストーリーをふまえた上で、**必要な要素はしっかり記事に書い**ていきましょう。ターゲットのほしがる条件に合わせれば、高額商品だって売ることは難しくありません。

2-6

読者が
食いつきそうな言葉
をリストアップすると、
強いタイトル
が生まれる

読者が思わずクリックする言葉を集めよう

Webで記事を書いたら、少しでも多くの人にタイトルをクリックしてほしいものです。そのためには、**言葉選びが重要**です。ターゲットが好きな言葉、興味のある言葉、反応しそうな言葉、つまり**「食いつきワード」をタイトルにちりばめましょう**。読者が気になって**クリックする可能性がUP**します。

たとえば、読者ターゲットが婚活中の独身男性の場合、「出会い」「婚活」「デート」「モテ」など、結婚相手をイメージさせる言葉に食いつきます。読者が専業主婦の場合、「時短」「節約」「楽チン家事」「献立」などが食いつきワードです。

読者の心にズバッと刺さる「食いつきワード」を見つけるには、やはり**ターゲットに近い人たちと話をしたり、SNSをのぞいてみる**ことです。また、同じようなゾーンをターゲットにしている、**競合サイトを見る**のも大いに有効です。サイトの人気ランキングを見て、**どんな記事にアクセスが集まっているのか**日々研究しましょう。

「食いつきワード」は、たくさん持っておくと、ヒットタイトルを量産できます。**随時リストアップして、ストック**しておきましょう。いつでも参照できるよう、付箋に書いて**PCモニターに貼って**おいたり、**エクセルに保存**しておくのもオススメです。

読者はどんな言葉に興味を示すのか。食いつくポイントを見極めれば、サイトにたくさんのファンがつきますよ。

3章

誰でも書ける！
ヒットタイトル・
テンプレート

Webライティングの記事を
ヒットさせるためには、
人をひきつけるタイトルをつけることが大切。
この章では、
誰でも簡単にヒットするタイトルが書ける
テンプレートをご紹介します。

3-1

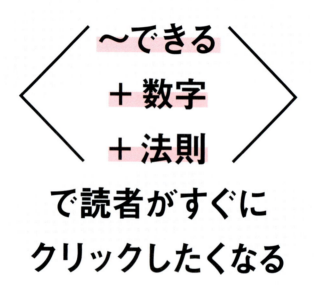

読者に記事を読むメリットをアピールしよう

　これは、ヒットタイトルを生み出す**「基本の形」**です。まずは覚えて、どんどん活用していきましょう。
　次の例を見てください。これは異性にモテたい女性向けで、白肌になるスキンケアをレクチャーする記事のタイトルです。

〈テンプレート〉〜できる＋数字＋法則

 男性が好きな白肌をゲットできる 4 つの法則
　　　　　　① 　　　　　　　　② 　③

このタイトルは、3つの要素で構成されています。

①〜できる

　読者へのメリット、あるいは問題が解決することを書いて、興味をひきます。読者は「この記事を読む価値がある」と判断し、クリックしたくなるのです。この例でいくと、「男性が好きな白肌をゲットできる」というところですね。表現はストレートに、わかりやすく書いてください。

②数字

続いて**「数字」**を入れます。ヒットするWebライティングにおいて、数字を入れるのは**鉄則中の鉄則**。なぜなら、タイトルだけで読者が記事の長さを判断できるからです。ここに入る数字ですが、**3、5、7など奇数**にすると、心理的に読者の興味をひきやすいと言われています。また、**4という数字**も、記事が全体的にちょうどいい情報量になるのでオススメです。

③法則

最後に、数字と合わせて**「法則」**をつけます。この「法則」の部分には、実にさまざまな言い換えのバリエーションがあります。7章-1で詳しく説明しますが、ストックしておくだけでタイトルの幅がぐっと広がります。

参考に、ＮＧタイトルの例もご紹介します。

例　ＮＧタイトル：白肌のスキンケア

ＮＧ例は、インパクトが弱く、読者へのメリットが伝わりづらい印象です。また、スキンケアのハウツー記事なのか、スキンケアの商品紹介なのか、ハッキリさせたほうが明確な記事内容をイメージしやすくなります。ターゲットを絞るため、ＯＫ例のように「男性が好きな〜」という恋愛の要素も入れるとより効果的です。

3-2

〈〜が解決する
＋商品名
＋とは？〉
で読者が
メリットを感じて
クリックする

商品やサービスの魅力を読者にアピール

　このテンプレートは、商品を紹介して読者にアピールする場合にうってつけのタイトルです。
　次の例を見てください。これは長い間、薄毛に悩む男性向けで、新商品の育毛剤をアピールする記事のタイトルです。

〈テンプレート〉〜が解決する＋商品名＋とは？

 長年の薄毛の悩みが解決する「ABC 育毛剤」とは？
　　　　　　　　①　　　　　　　　　　②　　　　③

　このタイトルは、3つの要素で構成されています。

①〜が解決する

　読者の悩みをここにダイレクトに入れて、**「〜が解決する」**とはっきり書いてください。読者は「これは私のために書かれた記事だ！　読まなきゃ」と無意識に反応を示します。例にある「長年の薄毛の悩みが解決する」をはじめ、「主婦の献立の悩みが解決する」「目尻のシワがなくなる」など、ストレートに書くのがポイントです。

②商品名

次に、読者の悩みを解決する**商品名やサービス名**を入れます。読者は「それって、どんなものなんだろう？」と、興味を持ちます。

③とは？

最後は**「とは？」**で締めましょう。Webライティングの業界で、長年語り継がれてきた**鉄板ワード**です。応用として、はっきり商品名を書かずに「薄毛を解決するあるモノとは？」と、読者の興味を引きつける方法もあります。

参考に、ＮＧタイトルの例もご紹介します。

 ＮＧタイトル：オススメの育毛剤

ＮＧ例では、育毛剤の特徴がわからず、具体的にどんな人にオススメなのか不明瞭なため、ターゲットに響きにくい印象です。ほとんどの読者は、心をひかれることなく、クリックせずにスルーしてしまう可能性が高いと言えます。また、新商品のＰＲなので、ＯＫ例のように商品名をタイトルに欠かさずに入れましょう。

3-3

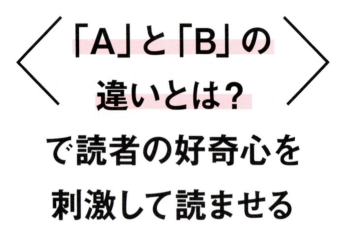
「A」と「B」の違いとは？で読者の好奇心を刺激して読ませる

みんなが気になる「似て非なるもの」を解説

　世の中には**「似て非なるもの」**がありますよね。たとえば、「もりそば」と「ざるそば」の違いです。これは意外と知らない人も多いのですが、だからこそ**価値のある情報**です。生活の中で出てくる「これとこれの違いって何なの？」という疑問に答えてあげましょう。

　次の例を見てください。これはグルメに興味のある男女向けで、もりそばとざるそばの違いを解説する記事のタイトルです。

〈テンプレート〉「A」と「B」の違いとは？

　「もりそば」と「ざるそば」の違いとは？
　　　　　①　　　　　　②　　　　　③

　このタイトルは、3つの要素で構成されています。

①「A」と

　比較するものの、1つ目を入れます。言葉を目立たせるために**「　」(カギカッコ)**でくくりましょう。

② 「B」の

比較対象である2つ目の言葉を入れます。同じように、「　」（カギカッコ）でくくってください。似ているものを2つ並べて、読者の心に問いかけます。

③ 違いとは？

最後は**「違いとは？」**と疑問形で締めます。ここで読者は「疑問が解決しそうだ」と、タイトルをクリックしたくなります。

私が編集長をやっていた女性サイトでは、長年PVを取り続けるロングヒットになった記事があります。そのタイトルは「『彼女どまりな女』と『結婚までいく女』の違いとは」です。なぜこの記事がヒットしたのかというと、ターゲットである「結婚したい独身女性」の大きな疑問に、ストレートにフォーカスを絞っているところ。**読者が、なんとなく疑問に感じていた命題に、一石を投じた**というわけです。そこにヒット記事のコツがあります。

参考に、ＮＧタイトルの例もご紹介します。

> **例**　**ＮＧタイトル：そばの違い、知ってますか？**

ＮＧ例では、「そばの違い」の具体的な記事の内容が想像しづらく、読む価値がないと判断される可能性があります。読者の好奇心をそそるように、比較する内容を入れるのがポイントです。

050

3-4

あるあるネタは読者に人気がある！

　ここ数年、テレビだけでなく、ネットでも流行になっているのが**「あるあるネタ」**です。思わず「あるある」と**くすっと笑いを誘う**ような内容。あるあるエピソードを記事にして、ヒットを狙いましょう。

　また、**ランキング形式**にすることで、より読者が興味を持ちます。もともと、日本人はランキングが好きな国民性なのです。

　次の例を見てください。これは、就活中の大学生向けで、就活時の苦労についてまとめた記事のタイトルです。

〈テンプレート〉～あるある ＋BEST＋ 数字

 就活で心が折れそうになる瞬間あるある BEST4

　このタイトルは、3つの要素で構成されています。

①～あるある

　あるあるネタの記事では、タイトルは**ストレートに「～あるある」**と書きましょう。「あるある」の前には「～してしまうとき」「～する瞬間」などの言葉を入れます。

052

② BEST

上の「あるある」という言葉のあとに「BEST」と入れれば、ランキング記事であることを読者に訴えることができます。アルファベットのBESTを使うのには理由があります。Web記事のタイトルには、実は、あまりアルファベットは使用されません。漢字やひらがなカタカナが多いなかで、あえて**アルファベットを入れるだけで、読者の目を一瞬とめる**ことができます。

③ 数字

BESTのあとには数字を入れましょう。あるあるエピソードを紹介する場合は、**4つが読みやすくてちょうどいい量**です。

ランキングは、**周囲の人に調査**して順位をつける方法と、書き手であるあなたが、**独自に順位**をつけて記事にする方法があります。日頃から「これはあるあるネタに使えそう！」と思ったことは、メモをしておくようにしましょう。

参考に、ＮＧタイトルの例もご紹介します。

> **例** **ＮＧタイトル：就活で心が折れそうになるとき**

「あるある」を入れないと、ＮＧ例のようにもの悲しい雰囲気が出て、ターゲットの学生たちがクリックをためらってしまう可能性もあります。悩ましい内容でもお笑い要素を入れて、楽しそうな雰囲気に見せるのがコツです。

3-5

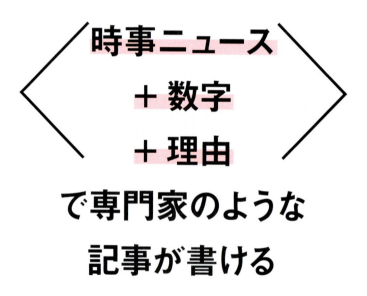

時事ネタにチャレンジしよう！

　より記事に専門性を出したいときは、**「時事ネタ」**に切り込んでいくのがいいでしょう。時事ネタやニュースは、一定のターゲットだけでなく、**幅広い読者を獲得**できます。「そのニュースがどうして起きたのか？」と**理由を解説する記事**は、ヒットしやすい傾向にあります。自分のテーマに関連する話題があれば、積極的に取り上げましょう。

　次の例を見てください。これは経済ニュースに興味がある人向けで、オリンピックで経済が潤う仕組みについての記事のタイトルです。

〈テンプレート〉時事ニュース＋数字＋理由

　オリンピックが開催されると経済が潤う４つの理由
　　　　　①　　　　　　　　　　　　　②　　③

　このタイトルは、3つの要素で構成されています。

①時事ニュース
　話題になっている**ニュース**を、タイトルに入れます。事件や事故を取り上げて「〜が起きた」としてもいいですし、流行のテーマを取り上げて「〜が話題の」と入れてもいいでしょう。

② 数字

理由の数に合わせて**「数字」**を入れます。Webライティングでポピュラーな数字は「4」です。

③ 理由

タイトルに「理由」というワードを入れることで、ニュースが起きた背景を分析した記事であると読者に伝えることができます。理由と似たような意味の**「原因」「背景」**としてもいいでしょう。

最近では2020年の東京オリンピック・パラリンピックが話題なので、それに絡めたさまざまな記事が作れると思います。

時事ネタは、ぜひ取り上げたいジャンルですが、ニュースに対して苦言を呈するなど、**「ネガティブな記事」はオススメできません**。読んでいてあまりいい気持ちがしないからです。また、**政治や宗教、思想**などについても、読者が限定されてしまうので、記事の公共性を持ちたいならば、**避けたほうが無難**です。

参考に、ＮＧタイトルの例もご紹介します。

> **例** **NGタイトル : オリンピックの経済効果**

ＮＧ例では、教科書のように堅苦しい印象を与え、多くの人のクリックを見込めません。また、記事の長さも想定できず、読者が物怖じしてしまいます。経済の記事だけに、ＯＫ例のように、やさしい表現にしてわかりやすさをアピールするとよいでしょう。

3章 | 誰でも書ける！ヒットタイトル・テンプレート

3-6

「〜してはいけない」＋数字＋理由とは？で読者をドキッとさせて読ませる

読者をドキッとさせてクリックさせよう！

かつて『買ってはいけない』というベストセラー本がありましたが、**「〜してはいけない」** と言われると、ドキッとするものです。専門家の間では常識だけど、**一般の人は知らない「禁止事項」** はたくさんあります。そこに、ヒットの種が隠されています。

次の例を見てください。これは美容意識の高い女性向けで、メイクを落として寝たほうが美容にいいという記事のタイトルです。

〈テンプレート〉「〜してはいけない」＋数字＋理由とは？

 「メイクしたまま寝てはいけない」4つの理由とは？
　　　　　　　①　　　　　　　　　②　　③

このタイトルは、3つの要素で構成されています。

①「〜してはいけない」

最初に印象的な **「〜してはいけない」** を、カギカッコでくくって入れましょう。読者は「私のこと!?」とハッとします。

②**数字**

理由の数に合わせて **「数字」** を入れます。Webライティングでポピュラーな数字は「4」です。

③理由とは？

「〜してはいけない」と言われたら、**理由**を問いたくなります。タイトルに「理由」という言葉を入れて、**記事に解説が書いてあることを想起**させます。

「〜してはいけない」は、あらゆる広告でよく目にするものです。たとえば「英語は勉強してはいけない」など、目にしたことはあるでしょう。真偽のほどは定かではありませんが、印象深く覚えているものです。

ネタの選び方は、読者が**習慣**にしていそうなこと、**ついついやりがちなこと**を選ぶのがポイントです。「やってはいけない」と言われたら、誰しも理由を知りたくなります。「たくさんコーヒーを飲んではいけない」「長時間睡眠をとってはいけない」など、各分野の専門家による記事がネットにもたくさん上がっています。

参考に、ＮＧタイトルの例もご紹介します。

> **例　ＮＧタイトル：メイクは毎晩落として寝ましょう**

ターゲットにとって「メイクを落とすのは当たり前」は知られた事実なので、このタイトルでは新たな発見がありません。ＯＫ例のように、読者にとって、プラスαの情報（＝この場合だと、メイクを落とさなければいけない理由）が掲載されていることをタイトルで伝えるとよいでしょう。

3-7

⟨ **誰が**
＋**何を**
＋**してみた** ⟩
でちょっと
無茶なことをやると
何万人も興味を持つ

3章 | 誰でも書ける！ヒットタイトル・テンプレート

あなただけの体当たり企画に挑戦！

　ここ数年Webメディアで流行している記事のスタイルが「〜をやってみた」です。一見、**不可能なこと**や、**おバカなこと**を、**実況中継**のように伝える記事のことで、YouTubeなどの動画投稿サイトでも、このスタイルは人気です。インパクトの大きいものだと、あっという間にSNSでのシェアが広がり、**一晩で有名人**になることも夢ではありません。

　次の例を見てください。これは痩せたい女性向けで、カラオケでダイエットできるかにトライした記事のタイトルです。

〈テンプレート〉誰が＋何を＋してみた

 70kgぽっちゃり女子がカラオケで1000kcal消費してみた
　　　　　①　　　　　　　②　　　　　　③

　このタイトルは、3つの要素で構成されています。

①誰が

　最初に、**「誰が」**という情報を入れると、リアリティが出て、読者が興味を持ちます。「女子大生が」「35歳のサラリーマンが」「80歳のおばあちゃんが」というように、**職業や年齢**など詳しいプロフィールを入れてください。

061

②何を

「**実践した内容**」を、読者が内容を想像できるように、ストレートに詳しく入れます。**数字**を入れると、より読者の目をひきます。

③**してみた**

ただ「した」ではなく「みた」という言葉をつけて、チャレンジしたことをタイトルで伝えましょう。**「やってみた」「書いてみた」「歌ってみた」**など、バリエーションは無数にあります。

この種の記事は、**遊びゴコロが肝**。私もよくこの手の企画を発信しています。一番反応がよかった記事は「独女ライターが1日ノーパンで過ごしてみた」で、1晩で約8万人が目にしました。ほか「アラサー女子のために京都で24時間11ヶ所『良縁祈願』に行ってみた」などがあります。テレビのバラエティ番組を作るような感覚で、楽しみながら記事を考えましょう。

参考までに、ＮＧタイトルの例もご紹介します。

> **例** **ＮＧタイトル：カラオケでダイエットしてみた**

ＮＧ例は、おもしろみや目新しさがなく、読者はスルーしてしまうでしょう。ＯＫ例のように、人物のプロフィールを入れて、タイトルにリアリティや企画性を出すのがポイントです。

3-8

> 【調査】
> ～な人は何%
> いると判明!
> で最新情報の深さを
> アピールできる

最新調査は日本人に人気がある！

「**調査データ**」を使った記事は、近年とても人気傾向にあります。**「普通」にひかれる日本人は他人の動向に敏感**だからです。データを使った記事は、読者の心をひきつけるので、ぜひチャレンジしてみましょう。

次の例を見てください。これは運動不足を感じている人向けで、スポーツジムの広告記事のタイトルです。

〈テンプレート〉【調査】〜な人は何%いると判明！

 【調査】ジムに通って運動不足を解消できた人は
　　　　① **80.0%もいると判明！** ②

このタイトルは、2つの要素で構成されています。

①【調査】

タイトルの最初に**【調査】**を入れて「これは調査に基づいた記事である」とアピールしましょう。

②〜な人は何%いると判明！

次に、**データの結果**を、タイトルに直接書いてしまいます。**数字も必ず入れてください**。%の前の数字は、**小数点第1位まで**

入れると、読者に正確さをアピールできるのでベターです。割合の部分は、公式には「〜％」だけでなく、「〜割」「100人中〜人」という言い方や、「過半数」「ほとんど」「ゼロ」というバリエーションもあります。

「調査といっても、自分ではそんなにアンケートが取れない……」という人もいるでしょう。そんな人でも実践できる簡単な方法があります。**ニュースサイト**の検索窓に、「調査」と入れて検索してみてください。すると企業が行った調査結果がたくさん出てくるので、これを**引用**します。

書くときは、必ず「〜による調査によれば」と、**調査元を記載**してください。最新情報に精通しているプロフェッショナルな記事になりますよ。

参考までに、ＮＧタイトルの例もご紹介します。

 NG：ジムで運動不足を解消できた人の割合

ＮＧ例は、堅苦しい印象で、読者は距離を感じてしまいます。ＯＫ例のように、読者に話しかけるようなテンションでタイトルをつけるのがポイント。この場合、スポーツジムの広告なので、タイトルに説得力のある数字を入れて目立たせ、「運動不足を解消したい」という読者の気持ちに訴えかけています。

4章

100万人に読まれる！ワンランク上のタイトルを作るためのテクニック

ちょっとしたテクニックで、
もっとたくさんの読者を得ることができます。
タイトルのクオリティを10倍アップさせるための
コツをご紹介します。

4-1

100人見たら100人が同じ解釈をする明瞭さで、100%リーチさせる

表現はわかりやすいほどヒットに近づく！

なるべくたくさんの人にタイトルを見てもらって、多くの人にクリックしてもらいたいものです。それには、**タイトルを見た瞬間に、どんな内容が書いてあるのかを認識させる**必要があります。

クリックさせるためには、表現は簡潔明瞭に書くことが大切です。つまり、ストレートにわかりやすく、**100人見たら100人が同じ解釈をする**ように書いてください。そうすることで、より多くの人がクリックするようになります。

たとえば「美肌」という表現を見てみましょう。あなたは「美肌」と聞いて、どんなイメージを持ちますか？　ある人は「つやつやの肌」、ある人は「シワのない肌」、またある人は「白い肌」をイメージするかもしれません。これでは100人見ても全員が同じ解釈をしません。

一方、「つやつやの美肌」と表現したらどうでしょう？　誰もが同じ、光りかがやく美しいお肌を想像しますよね。こんなふうに、みんなが同じ解釈をするストレートな表現を使っていきましょう。

時々、一流のコピーライターのように、ウィットに富んだ言い回しをしようとする人もいます。本質をついたうまい言い方は、非常に格好いいものです。しかし、実はWebでは逆効果。Webタイトルは、**わかりやすいほどヒットする**ということを、覚えておきましょう。

4-2

小学生でもわかるような簡単な表現にすれば、読者は逃げない

難しい言葉は使わないようにする

　知的さをアピールしようと、難しい言葉を使って文章を書いていませんか？　たしかに「この文章を書いた人は、頭のいい人なのだろう」と読者は思いますが、それがアクセス数アップにつながるかといえば、そうではありません。まるで、政治家の記者会見のように、**難しい言葉だらけでは距離をとりたくなるもの**です。

　私は、普段、恋愛コラムを連載していますが、以前こんなことがありました。女性の間では、年収が高いなど条件のいい男性を「ハイスペック男子」と呼ぶのですが、恋愛ライターたちは略して「ハイスペ」なんて呼んだりします。しかし、あるタレントさんにインタビューしたとき、つい「ハイスペ男子が……」なんて話を進めようとしてしまったら、「ハイ……スペ……？」と、きょとんとした顔で聞かれてしまい、**「専門用語をやたらに使うものじゃない」と反省**しました。

　一般の人にとってどれが難しい用語なのか、わからないこともあるでしょう。そんなときは、**自分の専門外の人に読んでもらう**のが一番。わかりにくいところに、下線を入れてもらえば、どれをかみ砕いて書けばいいかコツがつかめてくるはずです。

　専門的な内容の記事を、小学生でもわかるような簡単な表現で書けるようになると、ファンが増えていきます。「わかりやすいですね」という褒め言葉を目指して、難しい言葉を使わずに書いていきましょう。

4-3

タイトルで記事内容のハードルを下げれば、思わずクリックする

「私でもできそう」と思われるタイトルをつけよう

　誰しも長い間、悩み続けていることは、解決するのが難しいと思うものです。たとえインターネットで「〜を解決する方法」というタイトルを見ても、「どうせ、難しいんでしょ？」なんて、スルーしてしまう人もいるはずです。

　そんな人たちを取り逃がさないように、ハウツー記事を書くときは、**タイトルに「簡単にできるよ」という雰囲気**を醸し出しましょう。「誰でも簡単に」「シンプル」「たった1分で」などの**「ハードル下げワード」**を使い、クリックしやすくしてあげるのです。

　次の2つを比べてみてください。

> A：お金持ちと恋に落ちる方法
> B：お金持ちと恋に落ちるシンプルな方法

　一見、難しそうな内容でもBのように「シンプル」という言葉が入るだけで、その差は一目瞭然です。**「私にもできるかも！」**と軽い気持ちでクリックしてくれます。「どんなシンプルな方法か興味がある」という動機でクリックする女性もいるでしょう。

　このハードル下げワードは、一般の人が**難しいイメージを持っている分野**や、**達成までに時間のかかること**、人が**煩わしく思っていること**の解決法を書く記事に特に威力を発揮します。

4-4

文字数を
30文字前後
に収めると、
3秒で
醍醐味が伝わる

タイトルは短すぎても長すぎてもダメ！

　タイトルは、文字数も重要です。短すぎても、伝えたいことが伝わらないし、長すぎても読者が読んでくれません。

　タイトルの長さは30文字前後がベスト。これが現在のWebメディアのスタンダードです。情報を取りこぼさず、読者にとってもストレスのない数字と見ていいでしょう。

　人間が1秒間で読める文字数は、10文字程度と言われています。30文字ならば、**単純計算で3秒**です。それ以上になると、「ちょっと長いな」という印象があり、タイトルを読むのをやめてしまいます。

　いろんなサイトを見ていて残念だなと思うことは、トップページに一覧表示されるタイトルが長すぎて、後半が「…」と省略されている事例です。これは非常にもったいないことで、一番伝えたいことが「…」に入っていたら、うまく主旨が伝わらないまま、魅力が半減してしまいます。**表示される文字数の中に、伝えたいことをきちんと入れる**ようにしましょう。

　自分のサイトだけでなく、**検索サイトの表示にも注目**しましょう。たとえば「Google」は、検索サイトでもっとも権威があると言われています。検索すると、結果が表示されますが、あなたの記事が表示された時、タイトルの後半が省略されないように気をつけましょう。

```
コラムニスト・東香名子（あずま かなこ）のオフィシャルブログ
ameblo.jp/azuma-kanako/
コラムニスト・東香名子（あずま かなこ）さんのブログ「コラムニスト・東香名子（あずま かなこ）のオフィシャルブ
ログ」です。最新記事は「【ついに大... 東香名子. ＜お知らせ＞3月2日に東香名子著「超Webライティング」
（パルコ出版）が発売されます。お楽しみに。

東香名子@3/2ライティング本発売 (@azumakanako) | Twitter
https://twitter.com/azumakanako?lang=ja
The latest Tweets from 東香名子@3/2ライティング本発売 (@azumakanako). ◇著書ウェブライティングの
本が3/2に発売されます◇ 恋愛 旅のコラム、小説を書いています。AllAbout女性の一人旅ガイド、メディアコン
サル、元女性サイト編集長、テレビラジオ ...

コラムニスト・東香名子（あずま かなこ）のプロフィール | Ameba（アメーバ）
profile.ameba.jp/azuma-kanako/
コラムニスト・東香名子（あずま かなこ）のプロフィール. ブログ、コミュニティ、音楽、写真、動画を公開中. ...
Amebaに登録してコラムニスト・東香名子（あずま かなこ）さんとつながろう♪（無料） ... ライティングの書籍も
うすぐ出来上がります; 更新[1月30日].
```

どんな検索サイトも、デザインが更新されて表示文字数が変わることがあります。定期的に気にかけるようにしましょう。

地獄の沙汰も金次第、**サイトのヒットは Google 次第**と言われるほど、Web メディア界隈はとくに Google に注視しています。どんな表示がなされているか、敏感になることが大切です。

4章 | 100万人に読まれる！ワンランク上のタイトルを作るためのテクニック

4-5

最初の9文字以内に
キーワードを置くと、
1秒で
多くの人の
心がつかめる

読者の好きなワードは
タイトルの序盤に登場させる

　30文字のタイトルを、人はおよそ3秒で読みます。**最後までタイトルを読むかどうかは、最初の1秒で決まります**。最初の1秒で、ぐっと読者の心をひきつけるためにはどうすればいいでしょうか。

　まず、タイトルの**最初9文字以内にキーワード**を入れましょう。キーワードとは、文章のテーマだったり、フォーカスされた話題、特に目立たせたい言葉のこと。最初の9文字の中に入れて、最初の1秒で読者の心をつかむのがマストです。

　Webの記事はほとんどが横書き。左から右へ視線を流して文字を読むので、**左にあるほど、読者に情報が早く伝わります**。早いうちにキーワードを読者に見せ、興味を持たせてください。

　たとえば、鎌倉の旅行情報であれば、「鎌倉」という言葉を9文字以内に入れましょう。

 鎌倉で行きたい！恋愛運を爆上げするスポット4選

　といった感じです。

もったいぶって……

 女子の恋愛運を爆上げする必ず行きたい観光地はなんと……鎌倉！

　このように、最後まで「鎌倉」を登場させないのは不利。キーワードが出てくるまでが長すぎて、だらけた印象になります。タイトルを全部読まないうちに、どんどん読者が離れていってしまいます。

　どんな言葉をキーワードにすればいいのか、迷ってしまう人もいるでしょう。ベストなのは、読者が反応しそうな言葉です。また、自分が読者になったつもりで、検索サイトを使って**言葉を検索**してみましょう。

　そうすることで、どんなページにたどりつくのかイメージできます。そのとき検索した言葉を、キーワードとして**タイトルの序盤**に入れてくださいね。

4-6

タイトルに少しでもたくさんの要素を詰め込んで、濃度を高める

無駄な表現はカットして濃いタイトルをつけよう

タイトルは、読者に見てもらうための「試食」のようなものです。30文字で、記事の魅力をアピールして、「中身を見てみようかな」とクリックさせるお試し商品なのです。

30文字で記事の魅了をアピールできるように、**できるだけたくさんの情報**をタイトルに詰め込む必要があります。**タイトル濃度を高め、無駄な要素はカット**して、意味のある言葉をたくさん並べましょう。

たとえば、このタイトル……

> スリムな女の子はこれを買っている！
> ①   ②
> 痩せたい人にぴったりのおやつ4つ
>   ③

文字数がやや長く、ちょっと間延びしている感じです。これをもっと内容を凝縮してみましょう。

> スリムな女子の秘訣！ 痩せたい人向けおやつ4選
>   ①   ②   ③

① 「女の子」を「女子」に
② 「これを買っている」を「秘訣」に
③ 「ぴったり」を「向け」にしました

　すると、文字数が23文字とやや短いので、もう少し要素を足すことができます。また、この記事はコンビニで買えるおやつがテーマなので、そのポイントをつけ加えます。

例　**スリムな女子の秘訣！痩せたい人向けコンビニおやつ４選**

　これで間延びした感じもなく、要素がぎゅっと凝縮されました。
　タイトル濃度を高める方法は、なるべく動詞は使わず、**名詞を詰めていく**のがポイントです。可能なものは**漢字で言い換え**たり、**略語を活用**するのもいいでしょう。
　参考になるのが、「Yahoo！ニュース」のトップページです。タイトルの文字数は12〜13文字で、その中に、これでもかというほど要素が詰め込まれています。ぜひ研究してみてください。

4 章 | 100万人に読まれる！ワンランク上のタイトルを作るためのテクニック

4-7

ひらがな・カタカナ・漢字を組み合わせて、読者がひと目で認識できるようにする

違う文字をバランスよく組み合わせる

 「だいえっとをせいこうさせるほうほう」

このタイトルを認識するまでに、どれくらい時間がかかったでしょうか？ ひらがながだらだらと続くタイトルは、読みづらいものです。同じく、カタカナだらけ、漢字だらけでも読みづらいです。

変換できるところをすると「ダイエットを成功させる方法」になります。これで、すんなり頭に入ってきますね。

……と、これは非常に極端な例でしたが、**短時間でタイトルの内容を把握**してもらうために、**ひらがな、カタカナ、漢字をうまく組み合わせる**ことは大切です。文字の変化が、読む側にとってアクセントになり、見やすくなるのです。

たとえば美容室のブログ記事で、こんなタイトルがあったとします。

 ミディアムヘアスタイリングテクニック

これも読みづらいですね。視線が２回３回と、左右に移動したことでしょう。しかし、これは先ほどのように、変換できるところはもうありません。そんなときは、言い換えてみましょう。

ミディアムヘアをスタイリングする方法

「を」という助詞を入れて、名詞だった「スタイリング」を動詞に変化させました。まだカタカナ要素が多いので、「テクニック」を言い換えて、同じ意味の「方法」にしました。

これで、ひらがな、カタカナ、漢字のバランスがよくなり、意味がすんなり入ってきましたね。タイトルのアクセントになる文字として「！」や「？」、カギカッコなども利用価値があります。

たとえば……

 ミディアムヘアを「スタイリング」する方法

こんなふうに「　」を追加すると、目にやさしく、タイトルが読みやすくなります。
　こんな調子で、認識のしやすさを重視しながら、**文字のバランスを考えて**タイトルを作っていきましょう。

4-8

同じ言葉を繰り返さなければ、無駄な文字消費が防げる

文字の重複は徹底的に避けること

　同じ言葉を繰り返すタイトルや文章は、よしとされていません。読んだときに**「しつこさ」**を感じるだけでなく、重複している分、**文字数の無駄**になり、詰め込める情報の範囲も狭まってしまいます。これでは、もったいない！

　同じ言葉がタイトルに2つ以上登場しないように、**言い換え**をうまくしていきましょう。意味は変えずに、別の表現を使ってみてください。

 婚活中の人必見！婚活がうまくいく4つの方法

　こんなタイトルがあったとします。「婚活」という言葉が2個入っていて、文字数を無駄にしていますね。
　タイトルの意味を変えずに、言い回しだけ変えてみましょう。たとえば1つ目の「婚活」を言い換えると、こうなります。

 結婚したい人必見！婚活がうまくいく4つの方法

　これは、「婚活中の人」を「結婚したい人」に換えています。しかし、意味は変わりませんよね。また、2つ目の「婚活」を言い換えることもできます。

087

> **例** 婚活中の人必見！結婚相手が見つかる4つの方法

　「婚活がうまくいく」を「結婚相手が見つかる」としました。同じく、意味は変わっていません。

　このように、語彙力を駆使して、自在に言い換えをしましょう。しかし、自分はそんなにボキャブラリーがない……と頭を抱える人もいるでしょう。そんなときに、ぜひ参照してほしいのが**「類語辞典」**です。
　類語辞典とは、ある言葉と同じ意味を持つ言葉をまとめた辞典です。たとえば「話す」で引くと「言う」「語る」「おっしゃる」「申し上げる」などが出てきます。これを活用すれば、自由に言い換えができますよ。類語辞典はオンラインで、無料で利用できるものもありますので、うまく活用してくださいね。

> **オススメサイト** **Weblio-類語辞典**
> http://thesaurus.weblio.jp

4-9

「！」は１つまでにすれば、本当に伝えたいことが伝わる

ビックリマークをつけすぎない！

　感嘆符と呼ばれる「！」。ビックリマークとして、みなさんに親しまれています。この「！」をタイトルに何度も使えば、おもしろみや熱意、現場の雰囲気、テンションの高さが伝わると思われがちです。しかし、それは**単なる文字消費**にすぎず、それどころか**「！」の多用は、非常に見づらい**ので読者に忌み嫌われます。

　一方、プロフェッショナルは、あまり感嘆符は使いません。「！」に頼らなくても、**熱意はしっかり伝える**ことができます。「！」の多用は、素人っぽい印象を与えて、ちょっと滑った感じにもなるので、注意したいところです。

　その証拠に、本書にはほとんど「！」が使われていないと思います。しかし、私のやる気がないわけではありません。非常に熱意にあふれ、この画期的かつ素晴らしいノウハウをみなさんに伝えたいのにもかかわらず、感嘆符はほとんどつけません。そうしなくても、十分みなさんに伝わっていると信じているからです。私の熱意に合わせて、感嘆符を多用すると、大変なことになります。

　みなさん！！！！　感嘆符は、1つまでにしてください！！なぜなら、見づらいからなんです！！！！！！！！！

　こんな文章を連発すると、みなさんは「なんだ、この変な本」と放り投げてしまうことは目に見えています。

このように、「！」がたくさんついていれば、記事の熱意が伝わるというわけではありません。**タイトル中の「！」は1つまで**。つけたくても、耐えて忍ぶのです。たった1つでも、十分に効果はあります。

また、余談になりますが、書籍や新聞の文章表記ルールでは、「！」や「？」のあとは、見やすさのために全角スペースを空けるという暗黙のルールがあります。

しかし、Webライティングにおいては、**はっきりとしたルールがありません**。さまざまなWebの記事を見てみると、「！」「？」のあと全角スペースを空けるメディア、半角スペースを空けるメディア、スペースを空けないメディアと、それぞれです。

明確な規定がない分、**読者が見やすい表記**を心がけてほしいのですが、**可能ならばタイトルではスペースを空けない**ことをオススメします。30文字という限られたタイトルの文字数の中で、貴重な1文字をロスしてしまうのは、もったいないと思うからです。

「！」「？」のあとの全角スペースは、タイトル、本文の見え方や**サイトの雰囲気や読者に合わせて**、自由にコントロールしていきましょう。ただしサイト内の記事によって、空けたり空けなかったりとばらつきがあるのはNGです。**サイト内では表記ルールを統一**してください。

あなたが既存のサイトに寄稿する場合は、表記法について聞いてみましょう。**メディアのルールに従う**のがベストです。

4-10

**記号や顔文字を
カットすれば、
より説得力のある
タイトルになる**

記号を使わず、より客観的で説得力のある文章を書こう

　パソコンやスマホに表示される文字といえば、ひらがなカタカナ漢字だけではありません。音符（♪、♫など）、ハート（♡など）、星（☆、★など）などの記号もあります。特にメールでは、慣れ親しんで使っている人もいるのではないでしょうか。これらもWebライティングにおいて有効なのでしょうか？

　結論から言うと、公共のメディアで執筆するプロのライターたちは、これらの**記号は使用しません**。その記号の裏に、書き手の主観が見え隠れして、説得力に欠けてしまいます。子どもじみたチープな印象を与えてしまうのです。

　記号だけでなく、(^O^)、＊＋:。.。 。.。 :＋＊、などの**顔文字・飾り文字**も同様です。現在あるWebメディアを閲覧していても、これらの記号・顔文字はほとんど見当たりません。より幅広い読者に見てもらいたい記事では、**使用を控えましょう**。

　ただし、ブログなど**個人発信のメディア**や、**読者が限られているメディア**では、必ずしもNGとは言えません。**書き手のキャラクターをアピールする**ものや、**読者の親近感を得たい場合は有効**です。美容院やネイルサロンなど、個人経営の店では、お客さんとの距離が縮まるツールにも変身します。**読者や読者との距離感**に合わせて、上手に使い分けていきましょう。

5章

超基本記事の
テンプレートを
マスターすれば、
誰でも簡単に書ける

記事をどうやって書いたらいいかわからない。
読みやすい文章を書きたい。
そんな人のために、便利なWebライティングの
「型」があります。型どおりに実践していけば、
誰でもヒット記事が書けるようになります。
この章では、Webライティングに便利な
テンプレートをご紹介します。

5-1

「サンドウィッチ法」を覚えればWebライティングの基礎は完璧

まずはサンドウィッチ法をマスターしよう

　Webライティングの書き方で、もっともベーシック、かつポピュラーな型が**「サンドウィッチ法」**です。

　文の要素をサンドイッチのようにギュッと挟んでいることから、このようなネーミングで親しまれています。これさえ覚えておけば、**Webライティングの基礎**はOKです。

　サンドウィッチ法に適している記事ジャンルは、読者にやり方をレクチャーする「ハウツー（How To）記事」です。「子育てが楽になる方法」「初めて不動産投資をする方法」など、Webにおいては、とてもポピュラーなスタイルです。文字数は、1記事800〜1000文字程度が読みやすい分量です。

　さっそく、サンドウィッチ法の書き方についてレクチャーしていきますね。意外かもしれませんが、いきなり**記事の内容を始めから書かないでください**。それが、ストレスなく記事を書いていく秘訣です。サンドウィッチ法は次の順番で書きましょう。

　①仮タイトル　②小見出し　③本文
　④序文　⑤締めの文　⑥本番タイトル

　以上の順番でヒットするWebライティングは完成します。次のページからは各項目を詳しく解説していきます。

5-2

最初に「仮タイトル」を決めれば、記事の書くべきことが見えてくる

手順1

まずは仮タイトルから決めていこう

　まずは記事の①**「仮タイトル」**を決めます。ここで決めるタイトルは、あくまでも仮のもの。本番用のタイトルは最後に決めるので、ここは楽にいきましょう。

　たとえば「新幹線の種類」「京都でオススメのお寺」のように、記事にこんなことを書きたいな、という気持ちで、**メモをしておく程度**でよいです。

　読者のターゲットを決めて、どんな記事を書けば喜ばれるかイメージしましょう。サンドウィッチ法は、**「〜する方法」「〜の種類」「あるあるランキング」**といった記事と相性がいいので、参考にしてください。

　具体的に例を見ていきましょう。今回は、読者を「新幹線の種類の区別がつかず、困っている人」にターゲットを定めて、こんな仮タイトルを設定してみました。

 仮タイトル：東海道新幹線の3種類の列車

5-3

「小見出し」は タイトルの答え になるようにすれば、 ストレスなく読める

手順 2

小見出しをつけるときのポイントとは

　仮タイトルを考えたら、本文に着手するのではなく**②「小見出し」**を考えます。小見出しとは、**文中の途中にある見出し**です。「ここから、こんな内容で書きますよ～」という印のようなものですね。これを３～４つ、**箇条書き**で最初に作ってしまいます。

　まずは、タイトルにある数字の数だけ点を打ちます。先ほど作ったタイトルは「東海道新幹線の３種類の列車」でしたね。ここでは「3」という数字を使っているので、３つ点をポチポチポチと打ちますよ。

-
-
-

　これが小見出しを書く点です。点の横に小見出しを書いていきます。今回は、「東海道新幹線の３種類の列車」ですから……

- **のぞみ**
- **ひかり**
- **こだま**

これで小見出しは完成です！ 簡単ですね。小見出しは記事の柱となるので、非常に重要な部分です。先に決めておけば、文章が脱線することも防げます。これができたら、記事は7割完成！ といっても過言ではありません。

　ここでチェックポイントです。作った小見出しが、**タイトルの答え**になっていますか？ これはサンドウィッチ法で非常に大事なことです。悪い例をご紹介しますと、仮タイトル「東海道新幹線の3種類の列車」に対する答えが、次のようなものです。

- **一番早い**
- **名古屋に停まる**
- **こだま**

　このままでは質問の答えになっていませんね。統一感がなく、読みづらい印象です。**各小見出しの内容は、同じベクトルで揃える**ことで読みやすい文章が完成します。

　実はネット記事の読者たちは、多くが流し読みをする傾向にあります。タイトルと小見出しだけしか読まない人もいます。そんな人たちでも、ぱぱっと**記事の内容がわかる小見出し**を立てましょう。そうすると、忙しくてもすぐに答えにたどり着けるので、ファンがつきやすいのです。

5-4

「本文」を書いて、記事の本質を深める

手順3

小見出しを説明するように 本文を書いていこう

　小見出しができあがったら、いよいよ③「本文」を書いていく作業です。箇条書きスタイルで作った小見出しに、**中身を詰めていく**ようなイメージで、書き進めていきましょう。

　本文には、小見出しの**解説**や**根拠**を書いていきます。

　ターゲットに合わせて**「こんな人にオススメです」**といったり、メリットやデメリット、あまり知られていないお得な情報を入れると、読者が喜びます。

　書くことに慣れていない人は、本文を書くときに身構えすぎてしまうかもしれません。しかし、**目の前の人に直接語りかける**ような気持ちで、力を抜いて書き進めましょう。

　さて、東海道新幹線の記事の中身を詰めていきますよ！

● のぞみ

のぞみは、東京から新大阪まで最も早く行ける新幹線です。停車駅は3つのうちもっとも少なく、東京の次は品川・新横浜・名古屋・京都だけに停まります。のぞみを利用した場合の、東京〜新大阪の所要時間は約2時間30分です。

のぞみですが、平日の早朝・夕方は、出張のサラリーマンたちで混雑が予想されます。また、週末や行楽シーズンは、関西方面への旅行客たちで混み合います。このような場合、指定席を予約したほうが安心して乗車することができます。

● ひかり

ひかりは、停車駅がのぞみよりも多い列車です。のぞみの停車駅のほかに、小田原・熱海・三島・静岡・浜松・豊橋・岐阜羽島・米原に停まります。ひかりを利用した場合の、東京〜新大阪間の所要時間は約3時間です。

ただし、注意しなければならないことがあります。ひかりは列車によって停車駅が異なるのです。時刻表や駅の案内板を見て、目的地に停まるかを確認すること。目的地に停まらなかった……なんてことのないように気をつけましょう。

・こだま

　こだまは、東海道新幹線のすべての駅に停まる各駅停車の列車です。のぞみとひかりの停まらない新富士・掛川・三河安城にも停まります。こだまを利用した場合の、東京〜新大阪間の所要時間は約4時間です。

　のぞみ・ひかりに比べるとあまり混雑せず、のんびり移動ができるでしょう。また、こだまを利用して新大阪などに行くと、料金が安くなる「ぷらっとこだま」という切符も発売されています。現地に格安で行きたい人にはオススメです。

　各項目の**文字量を合わせる**ことも、読みやすい文章を作る秘訣です。1つ目の小見出しの中身は2文しかないけど、3つ目の小見出しは5文もある、なんてことにならないように気をつけましょう。

　サンドウィッチ法の小見出しは、すべて並列な要素です。内容のボリュームや雰囲気、テンションを合わせるように心がけて、バランスのよい文章を書いてくださいね。

5-5

読者をひきつける「序文」はたった3文でOK!

手順4

序文で読者に共感をする内容を書こう

　さあ本文まで書けたら、記事の冒頭にくる④**「序文」**です。中身を書いてから、序文に着手するなんて、意外ではないでしょうか？　でも、これがスムーズに書くコツなんです。この部分は、**この記事にどんなことが書いてあるのか**を、簡潔に読者に紹介する導入部です。

　とはいえ、どんな言葉で序文を書き始めたらいいものか、迷ってしまう人もいるでしょう。でも、ご安心を。序文にも、型がちゃんとあるのです。

　サンドウィッチ法の書き出しはわずか3文でOK。「〜ですよね」型というものがスタンダードです。

1. 〜って、・・・ですよね。
2. そんな・・・な〜も、一瞬で解決できる方法があります。
3. 今回は〜を・・・にする方法をご紹介します。

　1文目で**「〜ですよね」**と言って、**読者に共感**してあげてください。ここでは「いやぁ、●●って大変ですよねぇ〜」と、読者をねぎらうかのような気持ちで、ターゲットとなる読者が抱えがちな悩みに共感してあげましょう。

読者は「あら、よくわかってるじゃないの！」と心を引き寄せられます。書き手を信頼して読み進めてくれるのです。

　読者の心を引き寄せたら、2文目で「実は、そんな悩みも**解決できるんですよ！**」と提示します。その時点で読者は、「教えて！ぜひ教えて！」と、前のめりになって読み進めます。それを牽制するかのように「まあ、まあ、落ち着いて。本文でしっかり**解説**しますから」と、3文目を投下して序文は完成です。

「東海道新幹線の3つの種類」の記事は、こんな序文になります。

　　東京から新大阪を結ぶ東海道新幹線には「のぞみ」「ひかり」「こだま」の3種類があって、どれに乗ればいいか迷ってしまいますよね。そんな新幹線選びも、迷わず簡単に解決できる方法があります。今回は、目的地に時間の無駄がなく着ける新幹線の選び方をご紹介します。

　たった3文なのに、本格的な書き出し文ができましたね。これで、サンドウィッチの上のパンの部分が完成です。

5-6

「締めの文」はタイトルと序文を繰り返せば、4文ですっきり締まる

手順5

エンディングはさらっと書いて記事を締める

続いて、⑤「締めの文」に着手しましょう。締めがなくて終わると、尻切れトンボ状態で、読者は「え？ もう終わり？」と混乱してしまいます。記事をビシッと締めることは、書くほうも読むほうも気持ちがいいものです。

ここは、記事の内容をまとめたり、内容を振り返ったりする部分です。**終わりの挨拶**だと思って、軽い気持ちで書いてOKですよ。

ただし、メインはあくまでも小見出しと中身の部分なので、締めの文は**長文である必要はありません**。

締めの文はたった4文でOK。これで、すっきり締まる文ができあがります。

1．いかがでしたか？
2．今回は、「タイトル」についてご紹介しました。
3．これで・・・も解決することができます。
4．ぜひ参考にしてみてくださいね。

まず1文目で「この記事はどうでしたか〜？」と、**フレンドリーにお伺い**を立てましょう。読者との距離が縮まり、最後まで愛着を持って記事を読んでくれます。

111

続いて、2文目で「今回はこんな話を紹介しました〜」と、**テーマをおさらい**します。

3文目で、再度、当初読者が抱えていた**悩み**について触れます。それが**解決**できたことを、読者と一緒に喜びましょう。

そして4文目で「ぜひお試しを！」と、楽しげに読者の肩をたたきましょう。Webライティングは、筆者が論文のように一人語りをするのではなく、**読者に語りかける**ことがポイントです。読者を置いてきぼりにすることなく、**距離**が縮まって、ファンが増えていくのです。

「東海道新幹線の3種類の列車」の記事は、こんな締めの文になります。

　いかがでしたか？ 今回は、「東海道新幹線の3種類の列車」についてご紹介しました。これで、新幹線で何に乗ればいいかわからないという悩みも解決することができます。東海・関西地方に行く人は、ぜひ参考にしてみてくださいね。

以上の4文で、サンドウィッチ法の締めは完璧。「序文」と「締めの文」、上下のパンで「本文」をしっかり挟むことができましたね。

5-7

本番タイトルを最後にビシッと決めれば、言いたいことがモレなく伝わる

手順6

本番用タイトルをつけて記事は完成！

　本文をすべて書き終えたら、最初に作った仮タイトルをもとに、**⑥「本番タイトル」**を決定します。この本で説明している法則に従って、我が子に命名するように、気合を入れていきましょう。

　タイトルのつけ方のコツは、3章を参考にしてください。このサンドウィッチ法で一番相性がいいのは、P.42で紹介したこちらの公式です。

〈テンプレート〉〜できる＋数字＋法則

　簡単かつとても効果の高いタイトルなので、Webライティングにまだ慣れないうちは、これでタイトルを作っていくのがオススメです。

　「東海道新幹線の3種類の列車」を、本番用にパワーアップさせていきましょう。まずは必要な要素である**「〜できる」「数字」「法則」**が入っているかチェックです。

　「数字」は3が入っているので生かしましょう。**「〜できる」**の部分ですが、考え方として、「新幹線の種類を知れば、どうなるか」をイメージしていきます。

おそらく、新幹線の種類を知っておけば、目的地を目指すのに適した列車が選べるはず。東京から急いで新大阪に行きたい人が、「こだま」を選択することもないでしょう。そうなると目的地に早く着けることが、読んだ人のメリットになります。これをストレートにタイトルに入れます。**「法則」**の部分は、少しアレンジして「見分け方」にしてみました。

仮タイトル：
東海道新幹線の3種類の列車

本番タイトル：
目的地に早く着ける「東海道新幹線」3種類の見分け方

いかがでしょう？ あまり鉄道に詳しくない人が、急に大阪出張になったときでも、迷わず正しい新幹線選びをしていただけると思います。

さあ、すべての要素をサンドウィッチしましょう。完成しました！ コツをつかめば、驚くほどスイスイ書けますよ。実践してみてくださいね。

例 目的地に早く着ける「東海道新幹線」3種類の見分け方

　東京から新大阪を結ぶ東海道新幹線には「のぞみ」「ひかり」「こだま」の3種類があって、どれに乗ればいいか迷ってしまいますよね。そんな新幹線選びも、迷わず簡単に解決できる方法があります。今回は、目的地に時間の無駄がなく着ける新幹線の選び方をご紹介します。

・のぞみ

　のぞみは、東京から新大阪まで最も早く行ける新幹線です。停車駅は3つのうちもっとも少なく、東京の次は品川・新横浜・名古屋・京都だけに停まります。のぞみを利用した場合の、東京〜新大阪の所要時間は約2時間30分です。

　のぞみですが、平日の早朝・夕方は、出張のサラリーマンたちで混雑が予想されます。また、週末や行楽シーズンは、関西方面への旅行客たちで混み合います。このような場合、指定席を予約したほうが安心して乗車することができます。

・ひかり

　ひかりは、停車駅がのぞみよりも多い列車です。のぞみの停車駅のほかに、小田原・熱海・三島・静岡・浜松・豊橋・岐阜羽島・米原に停まります。ひかりを利用した場合の、

東京～新大阪間の所要時間は約3時間です。

　ただし、注意しなければならないことがあります。ひかりは列車によって停車駅が異なるのです。時刻表や駅の案内板を見て、目的地に停まるかを確認すること。目的地に停まらなかった……なんてことのないように気をつけましょう。

● こだま

　こだまは、東海道新幹線のすべての駅に停まる各駅停車の列車です。のぞみとひかりの停まらない新富士・掛川・三河安城にも停まります。こだまを利用した場合の、東京～新大阪間の所要時間は約4時間です。

　のぞみ・ひかりに比べるとあまり混雑せず、のんびり移動ができるでしょう。また、こだまを利用して新大阪などに行くと、料金が安くなる「ぷらっとこだま」という切符も発売されています。現地に格安で行きたい人にはオススメです。

　いかがでしたか？　今回は、「東海道新幹線の3種類の列車」についてご紹介しました。これで、目的地に合わせて、効率よく列車を選べますね。東海・関西地方に行く人は、ぜひとも参考にしてみてください。

5 応用 1

「告知記事」
を書いて、
商品やサービス、
イベントを
効果的にPRしよう

サンド
ウィッチ法
の応用
〈告知記事〉

誰かに商品を買ってほしいときに書く記事のポイント

　自社の商品やサービス、イベントをアピールしたい、という方もいらっしゃると思います。ここでは、そんな告知にうってつけの文章の型をご紹介します。

1．仮タイトル
　仮タイトルには商品名だけでなく、読者のメリットや、悩みが解決できるという旨を書いていきます。

 ～するときに役立つ「商品名」とは？

2．小見出し
　小見出しには、次の3つの要素を入れましょう。

- **商品の内容**
- **愛用者の声**
- **商品情報（価格、販売方法、キャンペーンなど）**

3．本文
　本文は、小見出しに沿って商品の内容を書いていきます。次のような書き出しから中身を書いていきましょう。文中に**商品の写真**を入れれば、より魅力をアピールすることができます。

- **商品の内容**

  ～という悩みを解決してくれるのが「商品名」です。この商品の特徴は～。

- **愛用者の声**

  「商品名」の愛用者の声をご紹介します。

- **商品情報**

  この「商品名」は●●円、～で購入することができます。

４．序文

序文には、次の 2 つの文を書きましょう。

①～することはありませんか。

②今回は・・・が解決できる～についてご紹介します。

5．締めの文

締めの文には、次の 3 つの文と商品リンクをはりましょう。

①いかがでしたか。

②～に悩んでいる方は、「商品名」を使えば・・・

という悩みが解決できます。

③ぜひ「商品名」をお試しください。

④商品リンク

6．本番タイトル

告知記事のタイトルに合うのは、P.45 で紹介したこちらです。

〈～が解決する＋商品名＋とは？〉

5章 | 超基本記事のテンプレートをマスターすれば、誰でも簡単に書ける |

【告知記事の例文】

老け顔が一気に解消！
－５歳肌になれる「ビューティ・サプリ」とは？

30歳を過ぎたころから、鏡を見て「老けたなぁ」とため息をつくことはありませんか。今回は、オバサン肌を若い肌によみがえらせる話題のサプリをご紹介します。

・１粒飲むだけ！美肌をゲットできる優秀サプリ

年をとると、お肌のツヤ・ハリが失われてくるもの。しかし、高級なスキンケアセットには手が出ないし、仕事が忙しくてエステに通うひまもない。そんな悩みを解決してくれるのが「ビューティ・サプリ」。この商品の特徴は、毎晩寝る前に１粒飲むだけで、お肌にハリを与えて、美肌に導いてくれるところです。お化粧ノリも抜群によくなると、美容マニアたちがこぞって買っている人気商品です。

このサプリには、上質なコラーゲンやプラセンタが贅沢に含まれています。さらに、美肌に導くビタミンなどの美容成分が、ぎゅっと１粒に詰め込まれているんです。だから、飲むだけで美肌をつくる成分を一気に取り込むことができるんですね。

・愛用者の声も続々！

「ビューティ・サプリ」の愛用者の声をご紹介します。

「最近老けたと悩んでいたとき、インターネットでこの商品を見つけました。１週間飲み続けたら、見違えるようなぷるぷる肌に！　ハリとツヤも復活し、驚いています」（Ａさん・32歳）

「いろんなスキンケアを試してきましたが、なかなか肌を若く見せてくれるものにありつけなかった私。このサプリを飲むようになってから、今までの老け顔がウソのように、ぴちぴちの肌になりました。『最近、きれいになったね』と友達にも褒められています」（Ｂさん・35歳）

・「ビューティ・サプリ」をゲットしよう！

たくさんの女性の美をサポートしている「ビューティ・サプリ」。現在、インターネットで限定販売中です。今だけキャンペーン価格の2,900円（税込み・送料無料）。１箱で約３か月分の内容です。

いかがでしたか。お肌の老化に悩んでいる方は、この「ビューティ・サプリ」を飲めば、20代のようなぴちぴちの若肌に近づけるサポートをしてくれます。ぜひ「ビューティ・サプリ」をお試しください。

＞＞マイナス５歳肌をゲット！「ビューティ・サプリ」はこちら

5 応用 2

「イベントの
レポート記事」
を書いて、
さらにターゲットの
興味を引こう

サンド
ウィッチ法
の応用
〈レポート記事〉

イベントに来ていない人にも アプローチできる記事を書く

最近、イベントを開催する会社や個人の方が増えています。イベントは当日の運営はもちろん、後日開催レポートを書くことも次回以降の集客につながる大切な工程です。そんなときに役立つテンプレートをご紹介します。

1．仮タイトル

仮タイトルには、〈「イベントの名前」開催レポート〉と書きましょう。

2．小見出し

小見出しには、次の3つの要素を入れましょう。

- **イベントの内容**
- **イベントのクライマックス**
- **参加者の声**

3．本文

本文は、小見出しに沿ってイベントの様子を書いていきます。次のような書き出しから、中身を書いていきましょう。開催レポートは**写真をたくさん入れる**と、臨場感が伝わります。

- **イベントの内容**

  今回のイベントでは、〜が行われました。

- **イベントのクライマックス**

  イベントのクライマックスは、〜というところでした。

- **参加者の声**

  イベントに参加した方に感想を聞いてみました。

4．序文

序文には、次の4つの文を書きましょう。

①**いつ、どこで、「イベント名」が開催されました。**

②**このイベントは、・・・という内容です。**

③**・・・が参加しました。**

④**今回はこのイベントについてレポートします。**

5．締めの文

締めの文には、次の3つの文を書きましょう。

①**いかがでしたか。**

②**次回のイベントは、●月●日に開催予定です。**

③**みなさんの参加をお待ちしております。**

6．本番タイトル

本番タイトルには、〈「イベント名」が開催されました〉とはっきり書きましょう。最初に【レポート】とつけると、読者の注意をひくことができます。

5章 | 超基本記事のテンプレートをマスターすれば、誰でも簡単に書ける |

【レポート記事の例文】

【レポート】「アラサー女子のための婚活セミナー」が開催されました

10月2日、都内のセミナーハウスで「アラサー女子のための婚活セミナー」が開催されました。このイベントは、アラサー女性を対象に、婚活のノウハウをレクチャーする内容です。当日は約100名の独身女性が参加しました。今回は、大盛況だったこのセミナーについてレポートします。

• テクニック盛りだくさん！婚活セミナーの内容

今回のイベントでは、講師に東香名子さんを迎え、婚活のポイントを学び、今年中に結婚相手を見つけるためのレッスンが行われました。

講義は、男性との出会い方や、メイク、ファッションのポイント、結婚相手として選ばれるためのテクニックなど盛りだくさん。参加女性たちは、熱心にメモを取っていました。

「講師が一方的に話すのではなく、練習タイムも設けるなど実践的な内容です。楽しく内容を学んでほしい」と講師の東さんは語ります。その言葉どおり、和気あいあいとした雰囲気でセミナーは進みました。

• 独身男性が登場！実際に会話できるコーナーも

このセミナーのクライマックスは、実際に婚活中の男性3名が登場し、会話を実践練習できるところ。会場の中から選ばれた3名がステージに上がり、男性と会話のデモンストレーションを行いました。

講師から学んだとおりに会話をすると、最初は緊張していた女性も、リラックスして男性と打ち解けている様子でした。見ている女性たちもまるで自分のことのように、ドキドキしながら会話を見守っていました。

• 参加者の声を聞いてみた！

実際に参加していた女性に感想を聞いてみました。

「わかりやすい説明で、婚活のテクニックが手に取るようにわかりました。明日、婚活パーティに行く予定なので、実践したいと思います」（公務員・27歳）

「実際に男性が登場して会話をするところが楽しかった。自分も積極的にアプローチして、結婚相手を見つけたいと思います」（会社員・30歳）

いかがでしたか。婚活中のアラサー女性に人気のこのセミナー、次回は来月1日に開催予定です。あなたも婚活術を学んで、幸せな結婚をしませんか。みなさんの参加をお待ちしております。

125

6章

プロも実践！
記事のクオリティを
爆上げする
Webライティング
テクニック8

Webライティングが初心者の人でも、
あるポイントに気をつけるだけで、
誰でも本格的な文章を書くことができます。
ぜひ実践してみてください。

6-1

文末を「です・ます」に統一すると、読者が親近感を感じて読み進めたくなる

「だ・である」よりも「です・ます」を使おう

　日本語には、大きく分けて2つの文末の型があります。それは「だ・である」で終わるものと、「です・ます」で終わるものです。普段、文章を書くとき、どのようにしていますか？

　Webライティングの記事では、**文末は「です・ます」で統一**することをオススメします。なぜなら、語り口が柔らかく、読者が**"親近感"**を感じてくれるからです。

　一方「だ・である」で終わる文章は、論文のような堅苦しい雰囲気を与えてしまいます。親しみづらく、たくさんのファンを抱える文章からは遠ざかってしまいます。

　ライティング初心者の方に多いのが、この2つを混在させてしまうことです。たとえば、こんな感じの文章です。

> **例**　今回はペットに人気の名前をご紹介します。犬に人気の名前はポチだ。そして、猫に人気の名前はミャーちゃんです。どちらもかわいいので、オススメです。

　1、3、4文目は「です・ます」で終わっているのに、2文目だけ「だ」で終わっていますね。これでは統一感がなくNGです。しっかり2文目も「ポチです」と締めるようにしましょう。

　書き上げたら、**必ず読み直して**「です・ます」に統一されているか、チェックしてくださいね。

6-2

「1記事1テーマ」を守れば、伝えたいことがしっかり伝わる

1つの記事にたくさんの話題を書かない

「自分の素晴らしい知識をより広くの人に伝えたい！」「商品のメリットをより多くの人に読んでもらいたい！」という気持ちは誰にもあることです。

そんな熱意にあふれた人は、ついつい、1つの記事にたくさんのネタを詰め込みたくなってしまいます。しかし、実はそれでは読者が離れてしまう要因になります。話が何度も脱線して、「結局、この人は何が言いたいの？」なんて、あと味の悪い記事ができあがってしまいます。

そうならないために、1つの記事に書くテーマは1つだけと決めましょう。「1記事1テーマの法則」で書いてください。

……とはいっても、文章を書いているうちに、「あれも書きたい、これも書きたい」と、アイディアがどんどん出てきてしまうもの。しかし、ぐっと我慢を。その代わり、思いついた**アイディア**は、どこかにメモをしておきましょう。あとから**別の記事**として書くのがベストです。

せっかく、あなたが持っている新鮮なネタです。一気に出してしまうのではなく、小出しにしていきましょう。そのほうが、読むほうも、すっきりとした気分で記事と触れ合うことができるのです。

6-3

文末は言い切り系で書けば、文章に説得力が生まれる

あいまいな表現を避けて、断定系で書くべし

「〜だと思います」「〜かもしれません」……こんなふうに、断定を避ける文を書いていませんか？

その気持ちは、とてもわかります。最初は自分の知識に自信がなくて、「これは〜です」「こういうときは〜してください」と言い切るのが怖くなってしまうんですよね。誰かに指摘されて、最悪、炎上したらどうしよう……なんて恐怖は、誰しもあるものです。ライティングを始めたばかりの私も、そうでした。

しかし、読み手の視点から見るとどうでしょう？ たとえば、意気揚々と商品の良さを語っていたのに、最後の締めは「この商品、ぜひあなたも使ってみて損はないかもしれないと思います……」という、歯切れの悪い締めだとしたら。「どっちやねん！」と、読者はズッコケてしまうでしょう。

Webライティングでは、**文末は言い切り型で書く**ことをオススメします。本や雑誌、新聞の文章を思い出してみてください。ほとんどの記事が、言い切り型で終わっているはずです。そのほうが**説得力**も生まれるのです。

Webライターとして自信を持ちましょう。しっかり**断定**してくれる文章を見ると、読者は**「頼もしい」**と思ってくれるものですよ。

6-4

「私は〜」
という表現を
避けると、
文章に
客観性と説得力
が生まれる

主観を捨てて客観的に文章を書こう

　Webライティングでは、登場させないほうがいい言葉があります。それは**「私」**という言葉です。意外かもしれませんが、記事の公共性を保つために、**主観的な表現は避ける**のが得策です。

　たとえば、商品を紹介する記事で、「私は、これをオススメします」と書いたとします。すると、その瞬間に客観性と説得力がなくなってしまいます。読者の心には「お前、誰やねん!?」という思いが浮かび、記事の内容に集中できなくなるのです。**「筆者」という言葉も同様に避けましょう**（ただし、書き手が著名人の場合は別ですが）。

　たとえば、次の「私」が登場する主観的な文章を客観的になるように変化させてみましょう。

> **例**　**私は年末の大掃除で、この掃除機をオススメします。**

　「〜は」「〜が」にあたる言葉を主語といいますが、主語を変えて、文に客観性を出すとこうなります。

> **例**　**この掃除機は、年末の大掃除にオススメです。**

> **例**　**年末の大掃除には、この掃除機をオススメします。**

このように、「私」という言葉を排除すると、不思議と客観性が生まれるのです。

ちなみに、「私の主観」は省略すべきなのですが、**「第三者の声」**は、非常に**説得力**を生み、Webライティングでは好まれます。これは、**「口コミ」**と呼ばれるものです。P.121の例文に出てくるように、口コミはカギカッコでくくり、さらにその人の年齢・職業（必要あれば性別）も一緒に書きましょう。

> **「これまで恋人ができませんでしたが、このセミナーを受けたら、初めて彼女ができました」（会社員・30歳）**

こんな感じです。事例をたくさん入れることで、説得力が増します。声の内容は同じようなものではなく、**いろんな角度**からコメントを入れるとより客観性が増します。

このように、Webライティングでは「私は」「筆者は」は書かないようにしましょう。**自分語りはウケません。**「俺はよォ〜」なんていう酔っぱらいの一人語りに通じるものがあると、頭に入れておきましょう。

6-5

体言止めを活用すれば、文章にリズムが生まれる

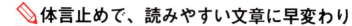

体言止めで、読みやすい文章に早変わり

　先ほど6章-1で、「文章は、です・ますで統一しましょう」とアドバイスしましたが、すべての文を「です・ます」で締めようというわけではありません。全部が同じ文末だと、**単調な雰囲気**を醸し出し、**文章のリズム**が悪くなります。

　たとえば、こんな文章です。

> **例** 今日、僕は家族で遊園地に行きました。
> まずはジェットコースターに乗りました。
> 次にメリーゴーラウンドに乗りました。
> 帰るとき、おみやげにぬいぐるみを買いました。
> かわいいので、僕は大満足でした。
> とても楽しかったです。

　「〜ました。〜ました。〜ました。」の連続で、リズムがぎこちないのがおわかりいただけるでしょう。
　これを解決するために、**「体言止め」**を活用してください。体言とは「名詞」、つまり**「人・もの・事」**です。

一文を名詞で終わらせることを体言止めと言います。**1〜2文に1度ずつ活用**すると、**文のリズムが生き生き**として、非常に読みやすくなります。

　先ほどの日記は、こんなふうに書き換えることができます。

> **例** **今日、僕は家族で遊園地に行きました。**
> **まず乗ったのはジェットコースター。**
> **次にメリーゴーラウンドに乗りました。**
> **帰るとき、おみやげに買ったのはぬいぐるみ。**
> **かわいいので、僕は大満足でした。**
> **とても楽しかったです。**

　いかがでしょう。ぎこちない文章にリズムが生まれましたね。**体言止めをうまく活用**していけば、単調な文章がガラッと改善し、読み応えのある文章になります。

6-6

1文を短くすれば、伝えたいことがピンポイントで伝わる

ダラダラと1文を長くしないこと

　伝えたいことがたくさんあって、ついだらだらと長い文章になってしまうこともあるでしょう。しかし、1文が長くなればなるほど、文の意味をとらえづらくなってしまい、読者が離れていく要因になります。

　読みやすい文とは、**短い文**です。1文1文短く切っていくと、**読者が理解しやすい文章**になります。

　たとえば、次の文を見てください。

> 例　京都が外国人に人気がありますが、その理由は、神社仏閣が多くて純日本的な雰囲気を醸し出していることと、舞妓さんのいる伝統的な街並みを楽しんだり、お料理が美味しくて、何度もリピートしたくなる街だとアメリカのトムさんは語っています。

　これでは、1文が長すぎて内容が理解しづらいです。最後のトムさんのコメントも、どこから始まるのかわかりません。

1文を短くして、次のように改善しましょう。

> **例** 京都は外国人に人気があります。その理由は、神社仏閣が多くて純日本的な雰囲気を醸し出しているからです。舞妓さんのいる伝統的な街並みを楽しむこともできます。さらに、料理が美味しいのも魅力。アメリカのトムさんは「何度もリピートしたくなる街だ」と語っています。

いかがでしょうか？ 5つの文に分けました。すると、すんなり内容が理解しやすくなりますよね。

このように、1文に内容をたくさん詰め込むのではなく、短く文章を切っていきましょう。そうすれば、読みやすい文章ができあがります。

6章 | プロも実践！記事のクオリティを爆上げする Web ライティングテクニック 8

6-7

類語辞典を活用すれば、文章力が飛躍的にアップする

言葉の重複を避ければ、
文章がぐっと上達する

「もっと文章を上達させて、読者やファンを10倍増やしたい！」と思っている方もいるでしょう。そのためには、より「おもしろい文章」を書くことが大切です。「おもしろい文章」とは、**表現の幅**が広く、**言葉の言い回し**が上手な文章のことです。

P.86で、「**同じ言葉がタイトルに2つ以上登場しないように**」と書きました。それは、文章でも同じです。

言葉を重複させずに、言い換えをして書くことで深みが出て、文章がみるみる上達していきます。

たとえば、次の文章を見てください。

> 例 総理大臣は記者会見で、日本の景気について話しました。昨晩、財務大臣と、もっと景気をよくしたいと話したからです。その結果、若者に物を買ってほしいと話し、そのためには若者に給料をたくさん支給すべきだと話しました。

この例文には「話す」がたくさん出てきますね。話す、話す、話すの連続で、文章に幅がなく、薄っぺらい印象です。この「話す」を別の表現に変えて、文章を改善してみましょう。

> **例** 総理大臣は記者会見で、日本の景気について語りました。昨晩、財務大臣と、もっと景気をよくしたいと話し合ったからです。その結果、若者に物を買ってほしいと言及し、そのためには若者に給料をたくさん支給すべきだと述べました。

　いかがでしょうか？「話す」が「語る」「言及する」「述べる」に言い換えられ、単調だった文章に**深み**が増しましたね。

　このように、文章を上達させるためには、言い換えを駆使することが大切です。そこで活躍するのがP.88にも登場した**「類語辞典」**です。Webライティングをしていて同じ言葉が出てきたら、類語辞典を参照すること。そうすれば、どんどん文章に磨きがかかっていきますよ。

> **例** **「話す」の検索結果**
> 語る・暗唱・おっしゃる・仰しゃる・仰る・物いう・物言う・もの言う・言う・云う・いう・喋る・口述・物語る・口外・発語・申しあげる・申し上げる……

145

6-8

「起承転結」を忘れると、Webライティングはうまくいく

Webライティングに「起承転結」はいらない

　ここまでこの本を読んでいて、「一度も**起承転結**が登場しない」と、疑問に思った方はいないでしょうか？ 起承転結といえば、小学生でも知っている、文章の基本です。

　結論からいうと、Webライティングでは、**起承転結は必要ありません**。思い切って忘れてしまってOKです。

　起承転結は本来、物語やストーリーを書くために活用される文章の基本形です。このとおりにストーリーを展開すれば、読者にわかりやすく、ドラマティックな文章になるので、広く用いられています。

　しかし、Webライティングの多くは、ハウツーなどの説明文や、商品の紹介、ニュースの記事です。ストーリーは必要ないので、起承転結で書く必要性はないのです。

　ただ、ここからはちょっと高度なテクニックになりますが、起承転結の **「転」** の考えを活用する方法です。これは、5章で紹介した**サンドウィッチ法の小見出し**の並べ方でも、使えます。

　たとえば「〜するための4つの方法」と題した記事で、4つのうち**もっとも意外な方法を3つ目の小見出し**に持ってくる。すると、読者の心がぐっとひきつけられて、最後まで記事を読んでくれるのです。少し難しいテクニックですが、チャレンジしてみてくださいね。

147

7章

「書くことがない」と
困ったら…
ネタが100倍増える
6つの秘訣

Webライティングをしていて、
ネタが思いつかないこともあるでしょう。
そんなとき、気軽に試せるネタの出し方をご紹介します。
これがあれば、ネタの幅が無限に広がりますよ。

7-1

「山手線ゲーム」でタイトルの幅が無限大に広がる

✎ ゲームをしながら「4つの〇〇」を考えよう!

　自分の記事を見ていて「なんだかタイトルが単調だなあ」「『4つの法則』ばかりで、飽きちゃうなあ」なんて思ってはいませんか? そんなときの**楽しい解決方法**をご紹介します。

　ズバリ、**「山手線ゲーム」**をすることです。山手線ゲームとは、1つテーマを決めて、手拍子のリズムに合わせて、テーマに合った言葉を順番に言っていくゲームです。飲み会などで盛り上がるゲームとして、知られています。

　この山手線ゲームで、タイトルによく使われる**「4つの法則」**の「法則」の部分を似たような言葉に換えていきましょう。タイトルの幅が大きく広がります。たとえば、こんな感じです。

「4つの法則」(パンパン)**「4つの方法」**(パンパン)
「4つの秘策」(パンパン)**「4つのステップ」**(パンパン)……

　これを続く限りやっていきましょう。このときに出た「4つの〇〇」は、**必ずメモに残して**おいてください。記事を書くときに役に立ちます。会議中にやったり、ライティング仲間と実施するのがオススメです。もちろん、一人でやっても構いません。頑張れば**50個以上**出てくるはずです。

　ネタが思い浮かばないときや、タイトルに困ったときには、「山手線ゲーム」を活用してくださいね!

151

7-2

よく質問されることを書けば、ロングヒットの記事になる

7章 | 「書くことがない」と困ったら…ネタが 100 倍増える 6 つの秘訣

人によく聞かれることを、考えてみよう

　書くネタに困ったら、人に**よく質問されるテーマ**を思い出して
みてください。心の中で**「またその質問……」**なんて、呆れなが
ら答える**あの質問**です。実は、その質問に**ロングヒットの種**が隠
されているんです。それに答えるかたちで記事を書きましょう。

　私の趣味は鉄道で、連載コラムを持っているほどの「鉄子」な
のですが、友達によくこんなことを聞かれます。

　「電車に書いてある、モハって何？」

　私は、何度となく、やさしく丁寧に説明してきました。

　「モはモーターのことで、ハは普通車のことなんだよ」と。

　あまりによく聞かれるので、需要があるのだと思い、ある日、
自分のブログに書いてみました。すると、**いつもより10倍のア
クセス数**があり、今でもよく見られるヒット記事の１つとなり
ました。

　このように、よく聞かれる質問は、**たくさんの人に求められて
いる証拠**なのです。みんなが気になっていることを Web で発信
すれば、たくさんの人があなたの記事にアクセスするでしょう。
SNS でのシェア数もきっと膨れ上がります。

　何度も聞かれる質問に答えるのは面倒ですが、「またこの質問
かよ……」とおざなりにするのをやめましょう。「これはヒット
のチャンスだ！」ととらえて、記事の執筆に生かしましょう。

153

7-3

1日1回の ニュース検索で、 常に読者へ 最新情報を 届けられる

ニュース検索で最新情報に触れよう

　Web読者が好きなジャンルの記事があります。それは何でしょうか？　ズバリ**「最新情報」**や**「ニュース」**です。**新しい情報がたくさん詰まったサイト**には、人が毎日のように訪れます。書くネタがないときは、最新情報を載せましょう。

　でも、その最新情報はどのようにゲットすればいいのでしょうか？　集めるオススメの手段は、**「Googleニュース」の検索窓を利用**することです。そこに、**自分の書いているテーマを入れて検索**してください。すると、**関連するニュース**がずらずらっと出てきます。

　たとえば、美容院を経営している人なら「美容院」や「ヘアスタイル」で検索を。ペットフードを販売している会社の広報さんなら、「ペット」「犬」「猫」などで検索してみてください。

　検索して出てきたニュースを話題に、記事を書いてみましょう。ただし、ニュースのコピー＆ペーストではなく、**書き手のコメント**を入れるようにするのがポイントです。

　「こんな新しいサービスが出たので、注目しています」や「このニュースは、こういうふうに分析します」というふうに書けば、一気にプロフェッショナルな記事になります。

　ネタがないときの、ニュース検索はプロにとっても、頼みの綱です。ネタが思い浮かぶだけでなく、最新情報も届けられるなんて一石二鳥ですよね。

7-4

NGポイントを伝えるときは、解決法を書いて読者をフォローする

ネガティブな内容は、必ずポジティブで締める

　Webライティングの記事は、良いことを書くだけではありません。**読者に注意喚起**をしたり、**ネガティブなポイント**を指摘する記事もありますよね。たとえば「睡眠不足を招く4つの悪習慣」などです。そのような記事を書くとき、気をつけてほしいのが、**「忠告したら必ず解決法を入れる」**ということです。

> 寝る前にコーヒーを飲んではいけません。眠れなくなってしまいます。以上です。

　もし、こんなふうに指摘だけして、次の話題に移ってしまうと、読者は叱られたようにしょんぼりしてしまいます。そうではなく、次のように必ず解決法を書いてあげてください。

> 寝る前にコーヒーを飲んではいけません。眠れなくなってしまいます。代わりに、ホットミルクを飲みましょう。そうすれば体が温まり、寝つきがよくなります。

　こんな感じです。**「〜してはいけません。その代わり〜しましょう」**を1セットと考えてください。ネガティブな内容の記事は、**必ずポジティブな内容で終わらせる**ことを忘れずに。

7-5

「ユーザーはズボラで節約志向」と頭に入れておけば、タイトルが考えやすくなる

ネットユーザーは基本的にズボラ!?

　ヒット記事を書きたいときの考え方として、**ユーザーの基本的な欲求にアプローチ**することで、記事のアクセスをうまく集めることができます。中でも、2つの欲求についてご紹介しましょう。
　まずは**「楽して〜したい」**というズボラな**一面**です。2015年に株式会社オウチーノが行った調査によると、20〜30代女性のうち8割以上が「ズボラ」だとわかりました。このズボラな人たちは、**いかに楽をして生きるか**、ネットで情報収集をしたがります。そんな人たちに応えるように「楽して〜できること」を徹底的に考えて、それを記事にするといいでしょう。もちろん、タイトルには「楽して〜できる」というニュアンスを必ず入れてくださいね。
　もう1つは**「お金をかけたくない」**という**節約家**な一面です。2016年に株式会社マネースクウェア・ジャパンが行った調査によると、「節約を意識する」人は、なんと90％を超えたそうです。現代は、ほとんどの人が、**出費は最低限に抑える**という節約志向で生活をしています。その欲求にアプローチをした記事を書いていきましょう。「節約」「格安」「タダ」などの言葉をタイトルに入れると、多くの人が興味を持ってクリックしてくれます。
　このように、ネタに困ったら**「楽してできること」「お金をかけずにできること」**を中心に考えていきましょう。そうすれば、ヒットにつながる記事を作ることができます。

7-6

「サジェスト キーワード」 を活用すると、 みんなが 検索しているワード がひと目でわかる

どんなキーワードで検索されているかを知ろう

　自分の書きたいテーマはあるのだけど、そこから1歩進まない……と、パソコンの前で腕組みをしていませんか？ そんなときは、**「サジェストキーワード」**を活用してみてください。検索サイトの検索窓に文字を打ち込むと「これを探していますか？」と、**キーワードを予測して提案**してくれる機能のことです。

　試しに、検索窓に「ウェブライティング」と打ち込んでみましょう。そのあとにスペースを入れると、こんなふうに出てきました。これが、サジェストキーワードです。

ウェブライティング
ウェブライティング **コツ**
ウェブライティング **講座**
ウェブライティング **本**
ウェブライティング **とは**
ウェブライティング **寺本**
ウェブライティング **基本**
ウェブライティング **仕事**
web ライティング **seo**

　ウェブライティングと併せて、**どんな言葉が一緒に検索されているかがわかります。検索される回数が多く、**人々に**需要がある順番**で出てきます。この場合、「コツ」「講座」「本」「とは」……と続きますね。サジェストキーワードは、どんなWeb記事に需要があるか知る手掛かりになります。このキーワードを使ってネタを考えると、**ヒット記事が生まれやすい**です。

8章

アクセス数を1000倍に増やす、Webならではの5つの奥義

Webで記事をヒットさせるためには、
より多くの人の目に触れさせる必要があります。
この章では、本や新聞・雑誌にはない、
Web独特の人を呼ぶテクニックをご紹介します。

8-1

記事の更新頻度やタイミングを改善すれば、もっと読者が集まる

更新頻度や公開するタイミングのポイントとは

　記事は、どれくらいの頻度で更新すればいいのでしょうか。正解を言うと、**更新頻度は高ければ高いほどよい**です。更新頻度が高いほど、検索時に表示されやすくなります。記事がたくさんあれば、初めて訪れた人でも、長時間サイトを楽しんでくれるでしょう。

　ただし、中身の薄い記事をたくさん公開しても、読者は「おもしろくないサイト」と判断してしまいます。読者を満足させるクオリティを保ち、記事を上げ続けるのがベストです。

　まずは**週に1本の更新**を目指しましょう。公開する曜日を決めると、読者が訪れやすくなります。記事の最後に「次の更新は来週の火曜日です。お楽しみに！」などと書いておけば、来訪のきっかけにも。そして、徐々に週内の更新頻度を上げていき、毎日更新できるようになったら、1日の本数を増やしていきます。

　更新の方法ですが、10本の記事があれば、1日に10本まとめて公開するのではなく、1日1本を10日間かけて公開していくのが効果的です。後者のほうが、常に新しい情報があるアクティブなサイトと認識されて、検索対策にも有効です。読者も定期的に訪れたくなるはずです。

　また公開は、**読者の目に触れやすい時間**に設定しましょう。たとえば、学生や社会人によく見られるのは通勤通学時間。その時間に合わせて、新しい記事が更新されているとGoodです。

8-2

記事を SNSで拡散 させれば、 想定外の読者 にもリーチする

記事を公開したら SNS に投稿しよう

　新しい記事を書いて公開ボタンを押したとしても、残念ながらそれだけでは誰も読みに来てくれません。あなたが記事を書いたことを、いっせいに告知をする必要があります。そこで活躍するのが **Facebook や Twitter などの SNS** です。

　記事のタイトルと URL を SNS に投稿し、ネット上に拡散させましょう。よりたくさんの人に知られるきっかけになります。「更新しました」というコメントをつけたり、簡単にその記事への思いを書くと、人はより興味を持ってくれます。

　テキストだけでなく**画像も一緒に投稿**しましょう（ただし、最近の SNS では、URL を入力すると自動で、記事内の画像も表示してくれるようです）。

　また、半角の**「#」のあとにキーワードを入れる「ハッシュタグ」**も大いに活用してください。ハッシュタグとは、クリックすると同じハッシュタグがついた投稿を一覧で表示してくれる機能です。同じ言葉に興味を持つ人が、あなたの記事を探しやすくなります。

　SNS のなかでも Twitter は、誰がいつどこで見ているかわからない、**拡散力が強い SNS** です。数年前のつぶやきが、誰かにリツイートされている、なんてことも十分ありえます。あらゆる方法で、いろんな人の目に触れるようにするのが、たくさんのアクセスを稼ぐポイントです。

167

8-3

記事を拡散させてくれるパートナーを持てば、何十万人に記事が読まれる

記事をもっと拡散させるためのポイント

　記事をSNSで告知しようとしても、フォロワー数が少なければ、拡散に限界を感じるかもしれません。わずかなフォロワー数でも、記事をたくさんの人に広める方法があるのでご紹介します。

　それは**「インフルエンサー」**と呼ばれる、**インターネットにおいて影響力のある人**たちに、記事を拡散させてもらうことです。巨大なフォロワー数を抱える彼らがSNSで情報を投稿すれば、瞬く間に拡散されます。

　自分の記事と相性がよさそうなインフルエンサーを見つけたら、**フォローして、ダイレクトメッセージ**を送りましょう。簡単にサイトの紹介を送り、存在を知ってもらうところから始めてください。彼らの目にとまり、つぶやいてもらうことを目指しましょう。

　企業のオウンドメディア（自社メディア）なら、大きくアクセス数を伸ばすのには、大手サイトとのニュース配信提携がオススメです。**「Yahooニュース」**や**「Googleニュース」**など、外部からの記事提供を受けて公開する大手ニュースサイトも多いです。記事が掲載され、自社サイトのリンクがはられるだけで、桁違いの読者が流れてきます。

　最近では、**ニュースアプリ**も非常に豊富であり、大手と提携すれば同じような効果が見込めます。記事のジャンル、ターゲットなど、親和性の高いサイトを見極めること。まずは、問い合わせ窓口からアタックしてみましょう。

8-4

文章だけでなく画像にもこだわれば、より多くのファンがクリックする

8章 | アクセス数を1000倍に増やす、Webならではの5つの奥義

クリック率を上げる画像の選び方

　あなたはすべての記事に画像を載せていますか？　画像の選び方も、記事をヒットさせるポイントの1つです。記事には、**画像**を必ず載せましょう。

　画像の位置は、**序文の直下に1枚入れる**のがスタンダードです。**「トップ画像」**と呼ばれているものです。最近では、トップ画像だけでなく、各小見出しの下にも画像を入れるスタイルも流行しています。

171

画像は、記事の内容に関連するものを入れてください。クリック率がよく、オススメなのが、**人の顔が写っている画像**です。また、**おいしそうな食べ物**、**きれいな風景**、**かわいらしい動物の画像**も、一般的にクリック率が上がると言われています。

人物

食べ物

風景

動物

画像は、自分で撮影したものを使用するか、インターネットで探すかのどちらかです。探し方ですが、Google の画像検索で出てくるものを気軽に使うのはＮＧ。ネット上のほとんどの画像には「著作権」があり、**無断使用が禁止**されています。もちろん、ほかのサイトや他人のSNS から無断転用をしてもいけません。

とはいえ、自分で撮るのは大変だと思う人も多いでしょう。そこで、オススメしたいのが**「フリー素材」**と呼ばれる画像。これらは無料で記事に使用できます。「フリー素材」で検索すれば、それらを集めたサイトが出てきます。より質の高い画像を求める人は、有料の写真素材を使うのもいいでしょう。

Webライティングは、読者にとってわかりやすい記事を作ることが一番。記事の中に、画像があるほうが親切であれば、**積極的に画像は挿入するべき**です。

特に「〜をやってみた」というチャレンジ企画の記事は、その詳細がわかるように、必ず写真を入れましょう。わざわざ高性能カメラを買わなくても、最近のスマートフォンのカメラは性能が良く、十分活躍してくれます。

フリー画像オススメサイト

ぱくたそ
http://www.pakutaso.com

Fotolia（会員登録が必要）
http://jp.fotolia.com

8-5

Webならではのフォント・行間で、読者にやさしい記事作りをする

読者が読みやすい
行間やフォントを設定しよう

　Webライティングは、書籍や新聞・雑誌のように、文字を敷き詰めてしまうと、非常に見づらいものです。読者が見やすいように、行間やフォントを工夫して記事を作りましょう。

　Webライティングでは、**1行空白を空ける行スペース**がよく使われます。本文の200〜300文字くらいに1回、行スペースを空けるのがスタンダードです。**序文の後、締めの文の前、小見出しの前後、画像の前後**にも行スペースを空けましょう。

　文字の大きさは、**3種類の文字サイズ**を使い分けます。**タイトルは一番大きい文字**で目立たせます。一般的なブログサービスでは、タイトルのフォントがあらかじめ設定されているので、これに従いましょう。

　タイトルの次に大きくするフォントは、**小見出し**です。本文より目立たせてください。それだけで、ぐっと文章が読みやすくなります。小見出しの前には**「・」「◆」「■」などの記号**を入れて、小見出しであることを読者に認識させるとベストです。

　本文の中で、特に目立たせたいキーワードがあれば、太字にするというテクニックもありますが、多用は見づらくなるので使いすぎに注意しましょう。文字の色は、原則1色が望ましいです。記事内にリンクをはる場合のみ、文字の色を変えましょう。リンクであることがわかりやすく、クリックも誘導できます。

巻末付録

キーワード＆
コンセプトリスト50

**これさえ使えば、読者のクリック率が100倍上がる
キーワード＆コンセプトをご紹介。
いいタイトルが思い浮かばないときに、活用しましょう。**

巻末付録 ｜ キーワード＆コンセプトリスト 50 ｜

- 「数字の1（一）」

非常にシンプルな見た目をしており、読者の目線をキャッチしやすい。即効性を表現できるので、読者が好んでクリックする。

例 メール1本でOK！成績があがる営業テクニック

例 ズボラでも簡単！肌をうるおす一秒スキンケア

- 「まとめ」

最近流行のまとめサイトの影響で、「まとめ」という文字になじみの多い読者は多い。ほしい答えがスグに見つかる印象になる。

例 不動産投資をするために知っておきたいことまとめ

例 カフェ店員が「リラックスできるドリンク」をまとめてみた

- 「総ざらい」

これまでに得た知識を、もう一度復習するという意味。たくさんの情報をまとめて読みたいターゲットにウケがいい。

例 要チェック！睡眠不足が一気に解消するテクニック総ざらい

例 いくつ知ってる？人気チェーンの裏メニュー総ざらい

- 「～の日」

語呂合わせで「～の日」について知ることを日本人は好む。「日付＋何の日」で検索すると、ユニークなネタに出合えることも多い。

例 11月22日はいい夫婦の日！いつまでも愛し合える3つの習慣

例 8月2日はパンツの日！彼氏に穿いてほしいパンツの柄BEST4

- 「マジ」

話し言葉である「マジ」をタイトルに書くと、読者は親近感とおもしろみを感じる。パンチのないタイトルに、有効なスパイス。

例 買い物前にチェック！マジで得するポイントカードとは

例 マジ？今年中に結婚できる４つの恋愛テクニック

- 「ガチ」

「マジ」と同様、タイトルにスパイスを加える口語。「マジ」よりも、男っぽさ、荒っぽい印象を与えたいときに。

例 100kgオーバー女子が、ガチで痩せた方法とは？

例 ガチで年収が10倍に！話題のビジネスメール４つの法則

- 「意外」

ある程度予想はつくが、実際はそれを大きく裏切る印象を与える言葉。定番ではなく目新しさをアピールして、読者の興味をそそる。

例 ダイエットに効果のある意外な３つのお菓子

例 意外！貯金があっという間に貯まる５つの方法

- 「たった」

数の少なさ、シンプルさを強調する言葉。ハウツー記事では、読者に「簡単にできそう」と思わせて、クリックさせることができる。

例 たったこれだけ！ダイエット効果抜群の簡単エクササイズとは

例 たった１本メールをするだけで、営業利益が10倍になるワケ

巻末付録 | キーワード＆コンセプトリスト 50 |

- **「あえて」**

普通はしないことを押し切ってする様子を伝える言葉。読者に自然と「どうして？」という疑問が起こり、クリックしたくなる。
- 例 なぜ？あえて電話をしないほうが遠距離カップルはうまくいく
- 例 私があえて自社商品をオススメしない４つの理由

- **「専門家」**

単なる一般人ではなく、専門家が監修していることを匂わせる言葉。タイトルに説得力が増し、正しい専門知識をアピールできる。
- 例 専門家に聞いた！不動産投資がうまくいく５つの法則
- 例 美容の専門家が毎日飲んでいる美容ジュース４選

- **「ぐっと」**

ものごとが進むことを表現する副詞。何かの目標に対して、より効果的なハウツーが書いてあることを、タイトルでアピールできる。
- 例 彼女との距離がぐっと近づくデートスポット４選
- 例 中学生の学力がぐっと向上する３つのハイテク勉強法

- **「時短」**

大半の読者は短時間で何かを成し遂げたいと思っている。時間が短いだけでなく、楽チンであることも裏でアピールできる便利な言葉。
- 例 忙しい女性でも OK ！毎日お弁当が作れる時短テクとは
- 例 時短美容で肌が若返る！おやすみ前にできる４つのスキンケア

179

- **「知ってる人だけ得をする」「知らなきゃ損」**

「損をしたくない」という人間の心理に直接問いかける言葉。生活やお金の使い方に関する記事だと、より効力を発揮する。

🔴 例　知ってる人だけ得をする！スーパー主婦の買い物テクとは

🔴 例　知らなきゃ損！カリスマFPが教える節約術10の法則

- **「今だけ」**

一定の期間しか手に入らないものや、プレミアのついたものなど、日本人は限定に弱い。特に生活やお金がからむ記事に効力を発揮。

🔴 例　今だけ！ポイントが10倍になるショッピングサイトとは

🔴 例　アノ新商品が「今だけ」格安にゲットできる方法を伝授

- **「信じられない！」「ありえない！」**

通常では起こりえないことが起こったときに出るリアクション言葉。そのままタイトルの最初に入れると、読者は好奇心をそそられる。

🔴 例　信じられない！ダメ男でも10人の美女に言い寄られる簡単テク

🔴 例　ありえない！妻が旦那に言われてびっくりした言葉ランキング

- **「誰にも教えたくない」**

あることに詳しい達人が本当は独り占めしたい情報を、極秘で教えてくれることに読者は弱い。他人を出し抜きたい人の心理を突く。

🔴 例　誰にも教えたくない！忙しい女性が若返るサプリBEST3

🔴 例　モテ男が暴露！誰にも教えたくない「女を口説く」必殺バー5選

巻末付録 ｜ キーワード＆コンセプトリスト50 ｜

- 「安すぎる」

ただ「安い」というだけでは、表現が弱い。「すぎる」という強調
の言葉をつけると、読者の視線をロックオンできる。

例 安すぎる！たった100円で理想の彼氏をつくる3つの方法

例 効果抜群！都内で話題のダイエットジムが安すぎると話題に

- 「うそ⁉」「げっ！」

リアクション言葉をタイトルの最初に入れる。インパクトが強く、
おもしろみもあり、読者の興味をひきやすい。

例 うそ！？ 思わず目を疑った独身女性のズボラな4つの生きざま

例 げっ！男性から嫌われる「ワガママ女子」の特徴BEST10

- 「思わず」

無意識にやってしまうことを表現するときに使われる言葉。タイト
ルに人間味を出すことができる。あるあるネタの記事と相性がよい。

例 思わず共感！？独身女性の悲しきあるある10連発

例 猫を見ると「思わず微笑んでしまう」8つの理由

- 「無意識」

気がつかないうちに、やっていることを意味する言葉。ハウツー記
事、ならびに、あるあるネタとも相性がよい。

例 モテる女性が無意識にやっている4つのこと

例 無意識って恥ずかしい！？通勤電車でついやっちゃうことあるある

181

・「～だけじゃダメ」

読者があらかじめ知っている内容に、プラスαの情報がもらえると
いうメリットを提示する。主にハウツー記事と相性がよい。

- 例 メールだけじゃダメ！合コン後にモテる３つのテク
- 例 運動だけじゃダメ！効率よく痩せるための４つの習慣

・「逆効果」

期待していたこととは反対に、悪い影響を与えることを意味する言
葉。普段やりがちな行為につけると、読者はドキッとする。

- 例 一夜漬けは逆効果！テストの点数をあげる４つの NG 勉強法
- 例 逆効果って知ってた？デートで２軒目に行ってはいけない理由

・「今さら聞けない」

目新しさがない定番の内容を記事にするときにタイトルに入れると
効力を発揮。人間の「無知」という恥にアプローチをする。

- 例 知ってた？今さら聞けない妊娠の基礎知識４つ
- 例 初心者必見！今さら聞けないマーケティング用語20選

・「知っておくべき」

知っておいたほうが得をする、あるいは、必須である情報がもらえ
るとタイトルで提示。主にハウツー記事と相性がよい。

- 例 就活中の学生が絶対知っておくべき「社会の常識」４選
- 例 知っておくべき！結婚式にかかる費用一覧

巻末付録 ｜ キーワード＆コンセプトリスト 50 ｜

・「VS」
好みや意見が分かれるものを比較する言葉。アルファベットは目を
ひき、タイトルでおもしろみを表現することができる。
🔵 犬 vs 猫！老後に飼うと癒やされるペットはどっち？
🔵 大阪 vs 京都！？日本で仲が悪い地域があるってホント？

・「連発」「連投」
あるセリフやメールを何度も繰り返すときに使う言葉。主にネガ
ティブな内容を指摘する記事と相性がよい。
🔵 「出会いがない」を連発する残念女子の４つの特徴
🔵 メールの連投は失礼？意外と知らないスマホのお作法３つ

・「本当」「本当か」
読者が日頃から気になっていることや、噂を検証する記事と相性が
よい。読者の好奇心を誘うタイトルになる。
🔵 それって本当？初心者が陥りがちな噂を検証してみた
🔵 独身女性がペットを飼うと結婚できなくなるのは本当か

・「〜なときがチャンス」
ある目標を達成しようとしているターゲットに、そのタイミングを
教えるもの。読者の背中を押し、応援してあげるような雰囲気になる。
🔵 不景気なときがチャンス！逆境に強い４つの投資テクニック
🔵 イベント前を狙え！恋人をつくりやすい５つのタイミング

- 「本能」

すべての人間が本来生まれ持っている性質・能力のこと。心理や肉体よりも、もっと深いところをえぐっていく強いタイトルができる。

🈂 女の本能を揺さぶれ！彼女ができる鉄板メールテク5つ

🈂 本能が欲する！疲れたときについ飲んでしまうアルコール3選

- 「若者の〜離れ」

ここ最近、メディアがこぞって取り上げている決まり文句のようなもの。時代の流れを感じさせるので、時事ネタと相性がよい。

🈂 一体ナゼ？「若者の結婚離れ」と言われる4つの理由

🈂 若者のクルマ離れを防ぐための5つの提案

- 「嫌われる」

人間は誰でも「嫌われたくない」という心理があり、読者はドキッとしてしまう。ネガティブなことを指摘する記事を相性がよい。

🈂 女子中学生に聞いた「こんな父親は嫌われる」ランキング

🈂 重い女は嫌われる！交際中に気をつけたい恋人のルール4つ

- 「〜運」

金運、恋愛運、仕事運などの運勢に関する話題や、開運のジンクスについて語るハウツー記事に。特に女性は、運気や占いに敏感。

🈂 金運10倍アップ！お金持ちが心がけている4つの習慣

🈂 直したい！恋愛運を爆下げするNGファッションとは

巻末付録 ｜ キーワード＆コンセプトリスト 50 ｜

- 「隠れ〜」

「隠れ」という言葉を名詞につければ、あまり知られていない情報を意味して、読者の好奇心を誘う。カジュアルで読みやすい印象も。

例 隠れイケメンがいっぱい！？今年注目の個性派俳優 BEST5

例 実は知られていない！レアな隠れ婚活スポット

- 「イケメン」「美女」

人は美しいものに弱く、この言葉にはついつい反応してしまう。イケメンや美女の顔写真を載せる記事も、読者には反応がよい。

例 美容師にはイケメンが多い５つの理由

例 美女を落とす！東京のロマンティック・レストラン４選

- 「業界」「〜界」

特定の業界の人しか知らないレアな情報をアピール。ハウツーだけでなく、時事ネタやスキャンダル・暴露系の記事とも相性がよい。

例 業界関係者だけが知っている旅行の裏ワザ BEST4

例 芸能界が震撼！あの人気女優が引退を決めた４つの理由

- 「卒業」

読者がやめようと思っていることや、ネガティブな習慣を指摘。単なる「やめる」という言葉よりも、タイトルに親近感が出る。

例 ダメ恋愛は卒業！いい男をゲットする４つのテクニック

例 必見！だらしない習慣を卒業できる４つの方法

- **「予算」**

ネットユーザーはお金に関して敏感であり、常日頃から気になっているテーマ。具体的な金額を一緒に入れると、よりインパクトが強い。

例 予算1万円以内！GWに気軽に行ける旅行先BEST5

例 都内で車を買うには、予算がいくら必要か調べてみた

- **「残念」**

「悪い」とハッキリ書いて読者を突っぱねるより人間味があり、まだ救いのある表現。ネガティブなことを指摘する記事と相性がよい。

例 上司に信用されない残念な人の4つの特徴

例 残念！婚活パーティで失敗したエピソード10選

- **「本音」**

日本人は「本音と建て前」を使い分けることが多いため、相手は本心で何を思っているのか気になっている人は多い。

例 実は質素な暮らし？お金持ちの本音を聞いてみた

例 本音爆発！独身女子vs既婚女子の仁義なき座談会

- **「脱〜」「脱却」**

悪い習慣をやめるときに使う言葉。読者が日頃から悩んでいることと抱き合わせて使うと、効力を発揮する。

例 脱非モテ！男子にチヤホヤされちゃうヘアスタイル4選

例 ストレスママを脱却！子育てが超楽になる4つのアイテム

巻末付録 | キーワード＆コンセプトリスト 50

- 「狙い目」

得をすることを期待できそうなタイミングを教える言葉。読者が目的を達成するために、効率的でいい情報があるとアピールする。

例　狙い目はココ！夏休みでもあまり混んでないスポット４選

例　専門家も目をつけている！いま狙い目の必須アイテムとは？

- 「注目」

何かお得な情報を届けるときは、ストレートに「注目」という言葉を使いたい。ターゲットに直接呼びかけて使うのでもよい。

例　結婚したい人注目！婚活のプロが教える出会いのコツ５つ

例　交渉成立！接待が大成功する注目のレストラン４選

- 「即」

すぐにという意味。タイトルにスピード感が出る。ハウツー記事のタイトルに使用すれば、悩みをすぐに解決してくれるような印象に。

例　美人になれる！即買いするべき新作コスメ４選

例　即実践！ダメな企画書の特徴とその改善方法

- 「都市伝説」

根拠があいまいだけど、まことしやかにささやかれる噂のこと。ここ数年の流行語で、謎を帯びたタイトルに読者が思わず反応を示す。

例　もはや都市伝説！？最悪だったデートエピソード３選

例　見たことない！都市伝説レベルの美しすぎる風景写真５つ

187

- 「判明」

これまで知られていなかったことが、明るみに出るという意味。読者が気になっていることを解説する記事や、調査記事と相性がよい。

- 例　ついに判明！アイドルの年収を女子大生が聞きに行ってみた
- 例　えっ本当！？半数以上の男が浮気をしたことがあると判明

- 「〜したいなら」

読者の願望をストレートに表現する言葉。ターゲットに直接呼びかけるような強力な効果がある。ハウツー記事を相性がよい。

- 例　結婚したいなら実践！いい旦那が見つかる10の法則
- 例　痩せたいならNG！あなたをデブにする生活習慣4つ

- ターゲットへの呼びかけ

タイトルの最初でターゲットに直接、声をかける。該当者は、自分のことだと感じ、思わずクリックしたくなる。

- 例　大家さん注目！賢いアパート経営7つの必殺技
- 例　忙しい女子必見！仕事の合間にダイエットできる5つの裏技

- ターゲットが言いそうなセリフ

ターゲットが日頃から思っていることを、タイトルの最初に直接書いて、共感を呼ぶ。セリフはカギカッコに入れるとより強調できる。

- 例　不倫なんてありえない！既婚男性のクソ口説き文句BEST4
- 例　「結婚したい！」と思ったら今すぐ試したい3つの婚活テク

巻末付録 | キーワード＆コンセプトリスト 50 |

- **季節感**

記事を公開するシーズンに合わせた言葉を入れる。タイトルに季節
感を出すと、旬の情報がほしい読者は共感をしやすい。

例 夏到来！水着を着こなすスリムボディをつくるサプリランキング

例 家族が喜ぶ！チキンを使ったクリスマスレシピ5選

- **実績**

実績を数字でストレートにタイトルに入れると、大きな説得力が生
まれる。3章-8にもあるように、詳細な数字を入れるとよい。

例 リピート率98％！女子に人気のマジ痩せサプリとは

例 私が売り上げを100倍に伸ばしたシンプルな4つの方法

おわりに

　本書を最後まで読んでくれてありがとうございます。いかがでしたか。あなたが悩んでいた Web ライティングを、すっきり解決できる内容となっていたでしょうか？

　たくさんの法則を載せましたが、「これを全部やらなきゃヒット記事が書けないのか〜！」と、本を壁に投げつけてしまった人もいるでしょう。それはやめてください。拾って、胸に抱きしめてやり、ヨシヨシと撫でてあげてください。

　著者の立場から申しますと、法則を網羅して記事を作ることはおそらく無理です。どれでもいいので、とにかく1つ、実践することから始めてください。それをものにしたら、次の法則に取りかかる。そんなふうに進めても、まったく遅くありません。

　記事を書いていくうちに、いろんな発見があるはずです。この記事は「いいね」が多かった、この記事は同僚に褒められた、この記事はまったくアクセスがなかった……など。それらはヒット記事を作る上で、大切なリアルな情報です。しかも、あなたしか持っていないもっともプレシャスなもの！

　この宝物である読者の反応を、しっかり記事と結びつけましょ

う。どうして人に読まれたのか、どうして人に読まれなかったのか、少しでいいので考えてください。もっとこうすればいいんじゃないか、こうしたら読者は逃げていくな……こんなふうに、あなただけのヒットの法則を作るのです。そうなれば、あなたはもうプロフェッショナルの仲間入りです。

これからは、コンテンツマーケティングの時代です。今の経済は、読ませて物が浸透し、読ませて物が売れる仕組みになっています。DやHのつく大手代理店もこぞって、ソーシャルコンテンツに乗り出しています。まさに、猫も杓子もオウンドメディアの時代。

倒産しそうな小さな会社でも、Webライティングひとつで、年商を100倍に跳ね上げることができます。生活にうるおいのないOLさんも、Webライティングひとつで、1万人以上のファンを持つ輝くカリスマOLになれるのです。私も、さえない女性ライターのはしくれから、こうして本を出版できるまでになりました。

さあ、あなたもヒット記事の作者となり、この時代の波に乗りましょう！

東 香名子（あずま・かなこ）

ウェブメディアコンサルタント。コラムニスト。東洋大学大学院修了後、外資系企業、編集プロダクションを経て、女性サイトの編集長に就任。アクセス数を月1万から月650万にまで押し上げ、女性ニュースサイトの一時代を築いた。現在は、連載・テレビ出演などのメディア活動の傍ら、ウェブタイトルのプロフェッショナルとして、メディアのコンサルテーションを行う。クライアントは企業オウンドメディアから、プロライター、芸能人、会社経営者、ライティングを副業とするOLまで幅広い。また文章スクール「潮凪道場」で講義・講演を行っている。

●オフィシャルサイト
http://www.azumakanako.com
●リアルエッセイスト養成塾　潮凪道場
http://www.hl-inc.jp/essayist/

100倍クリックされる
超Webライティング実践テク60

2017年3月7日　第1刷
2018年5月28日　第5刷

著：東 香名子

企画協力	潮凪洋介
編集協力	酒井ゆう（micro fish）
デザイン	平林亜紀（micro fish）
校正	聚珍社

発行人	井上 肇
編集	熊谷由香理
発行所	株式会社パルコ　エンタテインメント事業部
	〒150-0042　東京都渋谷区宇田川町15-1
	電話：03-3477-5755
	http://www.parco-publishing.jp/

印刷・製本	株式会社加藤文明社

Printed in Japan
無断転載禁止

©2017 KANAKO AZUMA
©2017 PARCO CO.,LTD.
ISBN978-4-86506-211-3 C0030

落丁本・乱丁本は購入書店を明記のうえ、小社編集部あてにお送り下さい。送料小社負担にてお取り替えいたします。
〒150-0045　東京都渋谷区神泉町8-16 渋谷ファーストプレイス パルコ出版　編集部